Schlussbericht

zu IGF-Vorhaben Nr. 19298 N

Thema

Noppenwaben aus Baumwolle (CO) und Polylactid (PLA) als strukturelles Material für den

Leichtbau (Noppenwaben)

Berichtszeitraum

01.02.2017 bis 31.01.2019

Forschungsvereinigung

Forschungskuratorium Textil e.V.

Forschungseinrichtung(en)

Faserinstitut Bremen e.V. (FIBRE)

Bremen, 30.04.2019

Ort, Datum

Franziska Stehle

Name und Unterschrift aller Projektleiterinnen und Projektleiter der
Forschungseinrichtung(en)

Gefördert durch:

Forschungsnetzwerk
Mittelstand

aufgrund eines Beschlusses
des Deutschen Bundestages

Bibliografische Information der Deutschen Nationalbibliothek:
Die Deutsche Nationalbibliothek verzeichnet diese Publikation in der Deutschen Nationalbibliografie; detaillierte bibliografische Daten sind im Internet über http://dnb.d-nb.de abrufbar.

© 2019 Faserinstitut Bremen e.V.

Die **Forschungsberichte aus dem Faserinstitut Bremen**
erscheinen in unregelmäßiger Folge.
Herausgegeben vom
FASERINSTITUT BREMEN e.V. — FIBRE —
Am Biologischen Garten 2
D-28359 Bremen

Der vorliegende Band erscheint als Nr. 61 dieser Reihe.

Autor: Franziska Stehle
Titel: Noppenwaben aus Baumwolle (CO) und Polylactid (PLA) als strukturelles Material für den Leichtbau (Noppenwaben)

Herstellung und Verlag: Books on Demand GmbH, Norderstedt.

ISBN dieses Bandes: 9783734787720
ISSN der Reihe1618–7016

Zusammenfassung der Ergebnisse zum AiF-Forschungsvorhaben 17848 N

Noppenwaben aus Baumwolle (CO) und Polylactid (PLA) als strukturelles Material für den Leichtbau (Noppenwaben)

Das Ziel des Projektes bestand in der Entwicklung von Noppenwaben für den Leichtbau aus Baumwolle und PLA. Durch eine Parameteranalyse wurden die Eigenschaften für den jeweiligen Einsatzzweck optimiert, damit die Noppenwabe in einem breiten Anwendungsfeld eingesetzt werden kann.

Während der Projektlaufzeit wurden Noppenwaben für den Leichtbau aus Baumwolle und Polylactid entwickelt und hergestellt. Die Noppenwaben können mithilfe der ermittelten Ergebnisse auf ihre Anwendung hin angepasst werden und somit auf Eigenschaften wie die Feuchtigkeitsregulation, die Festigkeit oder die akustische Wirkung ausgerichtet werden.

Die Baumwolle agiert im Verbund als Verstärkungsfaser. Die Bindefaser PLA schmilzt beim Herstellungsprozess und bildet eine Matrix um die Baumwollfasern.

Die wesentlichen Bearbeitungspunkte unterteilen sich in:

- Faserauswahl, -charakterisierung und -herstellung
- Herstellung von textilen Flächen mit Variation der Mischungsverhältnisse und Flächengewichte
- Entwicklung und Herstellung von Werkzeugen zur Konsolidierung
- Entwicklung und Durchführung der Konsolidierung
- Materialanalysen
- Herstellung von Sandwichverbundplatten und des Demonstrators

Für eine hohe Festigkeit der Noppen wurden hochschmelzende PLA-Fasern hergestellt und Langstapelfaserbaumwolle verwendet. Die Mengenanteile der Fasern zeigten sich ebenfalls als ausschlaggebend für die Festigkeit, wobei ein hoher PLA-Anteil die Festigkeit erhöht. Dies stand im Zusammenhang mit der dadurch sinkenden Feuchtigkeitsaufnahme und der geringfügig geringeren akustischen Wirkung. Durch den optimierten und industriell umsetzbaren Herstellungsprozess können kurze Prozesszeiten eingehalten werden.

Das Ziel des Forschungsvorhabens wurde erreicht.

Inhaltsverzeichnis

Abbildungsverzeichnis

Tabellenverzeichnis

1 Einleitung

Die Noppenwaben können für zahlreiche Anwendungen hergestellt werden und tragen durch ihre innovative Form und den biologisch basierenden und abbaubaren Materialien wesentlich zur Erweiterung des Forschungstandes bei. Die Eigenschaftsprofile der Noppenwaben können individuell auf den Anwendungszweck angepasst werden und sind somit in vielen Bereichen einsetzbar. In diesem Kapitel wird das Forschungsthema beschrieben und auf den Stand der Technik, der die Rohstoffe sowie Leichtbaumaterialien beinhaltet, eingegangen.

1.1 Forschungsthema

Das Forschungsvorhaben zielt auf die Entwicklung von Noppenwaben aus Baumwoll- und Polylactidfasern als strukturelles Material für den Einsatz in der Automobil-/Personentransportmittelindustrie (z. B. Interieurverkleidung), der Architektur (z. B. Platten/Trennwände mit Schallschutzeffekt und Feuchtigkeitsregulation) sowie der Möbelbranche (z. B. Ersatz für Spanplatten: Tische, Stühle). Die Herstellung der Noppenwaben erfolgt durch Umformung eines zweidimensionalen textilen Flächengebildes zu einer dreidimensionalen Noppenwabe und anschließender thermischer Verfestigung mit Hilfe der thermoplastischen Eigenschaften der PLA-Fasern, die eine Matrix um die Baumwolle bilden.

Noppenwaben können in unterschiedlichen Weisen eingesetzt werden. Die Übersicht in Abbildung 1 zeigt verschiedene Anwendungsformen mit dem jeweiligen Einsatzzweck.

Noppenwaben können (a) autonom zur Feuchtigkeitsregulation und Schallabsorption oder (b) in einem Verbund innerhalb einer Sandwichstruktur mit erhöhter Festigkeit Anwendung finden. Eine weitere Möglichkeit ist, (c) die Noppen mit einem gitterartigen Gewebe zu überziehen, um die Schallabsorption und Feuchtigkeitsregulation nicht einzuschränken und gleichzeitig eine erhöhte Festigkeit sowie Funktionsintegration zu erreichen.

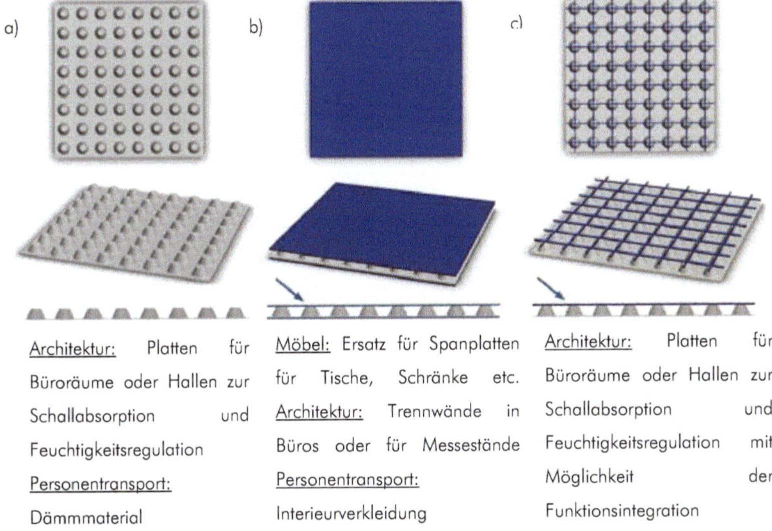

a) Architektur: Platten für Büroräume oder Hallen zur Schallabsorption und Feuchtigkeitsregulation
Personentransport: Dämmmaterial

b) Möbel: Ersatz für Spanplatten für Tische, Schränke etc.
Architektur: Trennwände in Büros oder für Messestände
Personentransport: Interieurverkleidung

c) Architektur: Platten für Büroräume oder Hallen zur Schallabsorption und Feuchtigkeitsregulation mit Möglichkeit der Funktionsintegration

Abbildung 1: Verschiedene Anwendungsformen von Noppenwaben und deren Einsatzgebiete

Die Entwicklung und Anwendung von Noppenwaben aus Baumwolle und PLA als Leichtbauwerkstoff in der Personentransportmittelindustrie und Architektur ergibt wesentliche Vorteile gegenüber bisherigen Werkstoffen und Strukturen. Vergleichbare Werkstoffe sind u. a. Schäume, voluminöse Vliesstoffe und Honeycombs. Die Noppenwaben ermöglichen gegenüber Schäumen eine erheblich bessere Belüftung der Sandwichstrukturen. Die mangelnde Möglichkeit einer Funktionsintegration, wie z. B. bei der Honigwabenstruktur, stellt ebenfalls ein Problem dar. Vliesstoffe, die als Dämmmaterial eingesetzt werden, weisen ein hohes Flächengewicht auf und eignen sich daher nur eingeschränkt für den Leichtbau.

Naturfasern besitzen gegenüber petrochemisch-basierten Materialien deutlich bessere hygrothermische Eigenschaften. [1] Zudem sind auf Erdöl basierende Materialien vom Rohölpreis abhängig, nicht nachwachsend und zumeist nicht biologisch abbaubar. Die Herstellung von petrochemischen Materialien sowie deren Recycling sind mit einem hohen Energieaufwand verbunden. Die Bauindustrie verbraucht ca. 50 % aller Rohstoffe und produziert ca. 60 % aller Abfälle, wobei nur ca. 10 % der jährlich insgesamt benötigten Menge an Baustoffen wiedergewonnen werden können. [2] Der Strukturwandel von Produkten aus Erdöl zu einer bio-basierten Industrie ist daher aktueller denn je. Die

Forschung beschäftigt sich immer stärker mit nachhaltig erzeugten Produkten. Laut dem Bundesministerium für Bildung und Forschung wird die Nachfrage nach erneuerbaren Rohstoffen stark ansteigen und damit mehr Unabhängigkeit von fossilen Rohstoffen schaffen. [3]

Durch den Verbund der Baumwoll- mit den PLA-Fasern ist eine Imprägnierung der textilen Fläche nicht zur Verfestigung notwendig, da die thermoplastische Faser zusammen mit der Baumwolle zu einem Flächengebilde verarbeitet wird und die Verfestigung anschließend bei einer thermischen Behandlung erfolgt. Noppenwaben aus Baumwoll- und PLA-Fasern bieten außerdem für viele Anwendungen bessere technische Eigenschaften, die zum einen durch die Rohstoffe und zum anderen durch das Textil selbst bedingt sind. Die Vorteile sind im Folgenden zusammengefasst:

<u>Bauteilspezifische Kontur:</u> Durch die einstellbare Noppengeometrie und thermische Verformbarkeit können endkonturnahe Noppenwaben für komplexe Bauteile und eine verbesserte Drapierbarkeit realisiert werden. Dadurch entfallen aufwändige Arbeitsschritte (z. B. Schneiden, Fräsen), die häufig bei vergleichbaren Materialien für das Erreichen der bauteilspezifischen Kontur notwendig sind. Ebenfalls kann die Dichte des Werkstoffes variiert werden, beispielsweise bei Maschenwaren als textile Basis durch Veränderung der Maschengröße oder der Bindungsart. [4]

<u>Rückformvermögen:</u> Durch die variable Auslegung der Noppengeometrie (Form, Höhe, Durchmesser, Grad der Verfestigung) kann das Rückformvermögen, die Steifigkeit und die Festigkeit der Noppenwaben eingestellt werden. Ebenfalls Auswirkung darauf haben die jeweiligen Anteile an PLA- und Baumwollfasern, die Flächenkonstruktion und der thermische Verfestigungsprozess. [5]

<u>Feuchtigkeitsregulation:</u> Baumwolle besitzt eine sehr gute Feuchtigkeitsaufnahme. Durch die offene Struktur des Kernmaterials wird der Austritt von Kondenswasser sowie eine Belüftung ermöglicht, was z. B. bei Honeycombs oder Schäumen aufgrund der geschlossenen Struktur unterbunden wird.

<u>Schalldämpfende Eigenschaften:</u> Baumwollfasern absorbieren aufgrund ihrer porösen, fibrillenartigen Faserstruktur mehr Schall als Glas- oder Chemiefasern, wodurch der Vorteil beim Einsatz in der Architektur und der Personentransportmittelindustrie steigt. Die Struktur der Noppenwaben wirkt sich ebenfalls positiv auf die schalldämmenden Eigenschaften des

Materials aus, da der Hohlraum der Noppen bei offener Bauteilstruktur wie ein Schalldämpfer wirkt. [6]

<u>Crash Absorber:</u> Die Noppenstruktur verringert bei Anwendung im Automobilbereich nicht nur störende Geräusche. Sie ist ein hervorragender Crash-Dämpfer und bricht im Fall eines Zusammenstoßes ohne zu splittern, was die Verletzungsgefahr senkt. [6, 7]

<u>Umweltverträglichkeit:</u> Die Noppenwaben bestehen aus nachwachsenden Rohstoffen, die ohne vorherige Trennung industriell kompostierbar sind und somit umweltverträglicher sind als vergleichbare Verbunde aus synthetischen Materialien. [8, 9]

<u>Funktionsintegration:</u> Aufgrund der offenen Struktur bieten Noppenwaben aus textilem Material die Möglichkeit der Funktionsintegration (z. B. Kabelverlegung) ohne vorherige Bearbeitung, da Leitungen in die Zwischenräume der Noppenstruktur verlegt werden können. [4]

<u>Geringes spezifisches Gewicht:</u> Noppenwaben aus Baumwoll- und Polylactidfasern besitzen aufgrund der geringen Dichte der Fasern sowie der materialsparenden dreidimensionalen Struktur des Textiles ein hohes Leichtbaupotential.

Diese und weitere Parameter, wie der Verbund der Noppenwaben mit einem Gittergewebe oder als Sandwichstruktur, nehmen Einfluss auf das Eigenschaftsprofil der Noppenwaben.

1.2 Stand der Technik

Noppenwaben aus biologisch abbaubaren Materialien sind in dieser Form nicht auf dem Markt vorhanden. Die Abgrenzung der Noppenwaben zum Stand der Technik von Sandwichkernen wird in diesem Kapitel beschrieben. Zunächst jedoch werden die biologisch abbaubaren Rohstoffe Baumwolle und Polylactid beschrieben bevor auf die Kern- bzw. Leichtbaumaterialien eingegangen wird.

1.2.1 Baumwolle und Polylactid

Baumwolle als Naturfaser ist ein nachwachsender und biologisch abbaubarer Rohstoff. Dies erfüllt den immer wichtiger werdenden Aspekt der Umweltverträglichkeit. Zusätzlich ist Baumwolle CO_2-neutral. [7] Der Einsatz von Naturfasern, beispielsweise für Innenraumanwendungen im Automobilbau, hat sich bereits etabliert, da Naturfasern wirtschaftlich konkurrenzfähig sind: Sie verfügen über einen von der Rohölindustrie

unabhängigen Preis und sind im Vergleich zu vielen petrochemischen oder mineralischen Stoffen mit ähnlichen Eigenschaften günstiger. [10] So werden Baumwollfasern bereits für Dachhimmel oder als Leichtbaumaterial im Verbund mit Kohlenstoff- und Glasfasern für den Karosseriebau verwendet. [11]

Die Baumwollfaser bietet mit einer Dichte von ca. 1,5 g/cm³ ein gutes Leichtbaupotential. Somit lassen sich beispielsweise durch den Einsatz von Naturfasern im Vergleich zu Glas- oder Kohlenstofffasern zwischen 20 und 50 % Gewicht im Interieur einsparen, wodurch wiederum die Ökobilanz des Fahrzeugs deutlich verbessert wird. Das geringe Gewicht der Baumwollfaser geht auf die Dichte der Cellulose und den Faseraufbau zurück. Charakteristisch für die Baumwolle ist der hohle Aufbau (Lumen), der bei der Baumwollfaser in Volumenprozent der Fasersubstanz 3 - 7 % beträgt. [12] Bisherige Naturfaserprodukte weisen jedoch trotz des geringen Gewichts der Fasern häufig ein hohes Flächengewicht auf. Dies ist auf die Konstruktion der Bauteile zurückzuführen. Derzeit kommen Naturfasern in technischen Anwendungen überwiegend in Form von Vliesstoffen, z. B. als Dämmstoffmatten in Verbundwerkstoffen für Verkleidungen im Automobilbereich, zum Einsatz. Ziel ist es daher, die Eigenschaften von Naturfasern zu nutzen und diese damit stärker in Leichtbaustrukturen zu integrieren.

Die Struktur der Baumwollfaser bedingt zudem folgende akustischen Eigenschaften: Aufgrund der porösen und fibrillenartigen Struktur können die Schallschwingungen in die feinen Fibrillen der Fasern aufgenommen und in Wärme umgewandelt werden. Studien belegen, dass Baumwollfasern im Vergleich zu Polyester-, Glas- oder Kohlenstofffasern im Mittel- und Hochfrequenzbereich eine bessere Schallabsorption aufweisen. Verglichen mit anderen Naturfasern ergibt sich im Bezug auf die Schallisolation ein weiterer Vorteil der Baumwollfasern: Diese besitzen im Gegensatz zu Bastfasern eine hohe Faserfeinheit und können Schall daher besser absorbieren. [13] Dies ist darin begründet, dass feine Fasern im Gegensatz zu groben Fasern einfacher und schneller in Bewegung versetzt werden können, was wiederum dazu führt, dass Schallenergie schneller und effektiver in Wärmeenergie umgewandelt wird. [14]

Polylactid (PLA) gehört zu den aliphatischen Polyestern und wird aus Milchsäure, die eine Fermentation von Zucker oder Stärke ist, hergestellt. [15, 16] Für die Produktion werden im industriellen Rahmen natürlich vorkommende Milchsäurebakterien verwendet. Die

stoffliche Nutzung nachwachsender Rohstoffe in Form von Biopolymeren bietet die Möglichkeit, die Abhängigkeit vom Erdöl zu reduzieren und stattdessen nachwachsende Ressourcen zu nutzen. [17 bis 19] Polylactid ist in industriellen Kompostieranlagen unter Einwirkung definierter Feuchtigkeit und Temperatur kompostierbar. Dabei entstehen vorwiegend Kohlenstoffdioxid und Wasser, die wieder zurück in den natürlichen Kreislauf geführt werden können. [20] Zudem kann Polylactid auch in einer Müllverbrennungsanlage CO_2-neutral thermisch verwertet werden. Ebenfalls ist die im Verwertungsprozess erforderliche Trennung nach sortenreinen Werkstoffen durch die Kombination mit Baumwollfasern nicht mehr notwendig. Als Folge bedingt dies eine positive Auswirkung auf die Life Cycle Analyse und die CO_2-Bilanz.

Die Eigenschaften von PLA sind von den chemischen Strukturen und dementsprechend vor allem von dem Verhältnis von PLLA (Poly-L-Lactid Acid) zu PDLA (Poly-D-Lactid Acid) abhängig. Je größer der D-Anteil, desto niedriger ist die Schmelztemperatur. Ein hoher L-Anteil führt zu einem kristallinen Polymer. Ab einem D-Anteil von 15 % ist das Polymer amorph. [21] Die Schmelztemperatur steht im Zusammenhang mit dem Kristallisationsgrad. Allgemein liegt der Glasübergang von PLLA zwischen 50 °C und 70 °C und die Schmelztemperatur zwischen 170 °C und 190 °C. [9] Durch die Herstellung von PLA-Fasern mit unterschiedlichen Schmelzpunkten ist die Entwicklung von schmelzklebefähigen Bikomponentenfasern möglich. Die Kern-Mantel-Struktur von Bikomponentenfasern ermöglicht die Anordnung eines Polymers mit hohem Schmelzpunkt als Kernmaterial und eines Polymers mit niedrigerem Schmelzpunkt als Mantelmaterial. Diese Art der schmelzklebefähigen Fasern wird gegenüber Einkomponentenfasern aus mehreren Gründen bevorzugt: Bikomponentenfasern bewahren ihren faserförmigen Charakter, auch wenn sich die niedrigschmelzende Komponente bei ihrer oder in der Nähe ihrer Schmelztemperatur befindet, da die hochschmelzende Komponente ein tragendes Gerüst bildet, um die niedrigschmelzende Komponente in dem ungefähren Bereich zu halten, in den sie eingebracht worden ist. Die hochschmelzende Komponente verleiht den Bikomponentenfasern daher zusätzliche Festigkeit. PLA ist schwer entflammbar und besitzt gute mechanische Eigenschaften. Eine weitere Charakteristik von PLA-Fasern ist die gute Kapillarwirkung. [21]

1.2.2 Leichtbaumaterialien

Sandwichstrukturen gehören zu den Leichtbaumaterialien. Diese Verbunde bestehen aus einer Kernschicht und zwei meist steifen Deckschichten [22], sogenannten Häuten, die den Kern gegen Beulen oder Knittern schützen. Somit ist die Platte hoch belastbar. Die Kerne können in verschiedene Kategorien unterteilt werden und werden zwischen kontinuierlichen (homogen) und diskontinuierlichen (strukturiert) Materialien unterschieden. [22, 23] Die unterschiedlichen Formen werden in Abbildung 2 dargestellt.

Abbildung 2: Sandwichstrukturen kontinuierlich (links und mittig) und diskontinuierlich (rechts)

Sandwichkerne bestehen größtenteils aus Schaum oder Honigwaben und werden meist mit den Deckschichten verklebt [23]. Neben Honigwaben können strukturierte Kernelemente auch in Form von Wellen oder Tuben vorliegen [24]. Im Folgenden werden diese Varianten sowie Noppenwaben erläutert.

1.2.2.1 Schaumkerne

Schaumkerne können aus verschiedenen Materialien wie beispielsweise Polyvinylclorid (PVC), Styrofoam oder Polyurethan (PU) bestehen [22, 24]. Sandwichelemente mit Schäumen können kontinuierlich hergestellt werden, indem der Schaum zwischen die Häute gespritzt wird [25].

1.2.2.2 Honeycombs

Honigwaben gehören zu den diskontinuierlichen Kernen und sind orthotrop. Durch die Wabenstege können sie die Schubsteifigkeit und -festigkeit besonders in Querrichtung erhöhen. [23] Unterschiedliche Rohstoffe wie Pappe oder Nomex® Papier können je nach Anwendung für die Herstellung dieser Kernform eingesetzt werden [24].

1.2.2.3 Noppenwaben

Noppenwaben werden derzeitig bereits aus einem flächigen textilen Halbzeug, das mit Harz imprägniert wird, hergestellt. Die Harzmatrix härtet während der Formgebung aus und stabilisiert die Struktur. [4] Die Noppenwaben (Abbildung 3) können durch Variation des Fasermaterials, der textilen Fläche der Harzmatrix sowie der Noppengeometrie gezielt an eine Vielzahl von Anwendungsfällen angepasst werden.

Abbildung 3: Verschiedene Varianten der Noppenwabe [4]

Die Herstellung von Noppenwaben ist inzwischen kontinuierlich möglich. Dies erfolgt mit einer Pilotanlage. Die textile Fläche wird mit Hilfe von zwei Bändern mit formgebenden Werkzeugen zu einer Noppenwabe verformt. Das Harz härtet anschließend, noch während des Herstellungsprozesses, aus. [4, 5]

Das Fraunhofer-Institut für Angewandte Polymerforschung (IAP) entwickelt in Kooperation mit der Industrie Noppenwaben aus Prepregharzen auf Cyanatharzbasis. Die verwendeten Textilien bestehen aus Polyester, Aramid oder Mischungen dieser Komponenten. [26] Dieser Werkstoff soll in der Luftfahrt eingesetzt werden [27]. Im Zuge dieser Entwicklungen bietet die InnoMat GmbH in Teltow Muster und Prototypen in Kleinserie an.

1.2.2.4 Zusammenfassung Problemstellung

Auf Erdöl basierende Materialien sind vom Rohölpreis abhängig, nicht nachwachsend und zumeist nicht biologisch abbaubar. Die Herstellung von petrochemischen Materialien sowie deren Recycling sind mit einem hohen Energieaufwand verbunden. [2] Die Produkte im Leichtbau sind noch nicht ausgereift. [17] Daher bildet die innovative Struktur der

Noppenwaben mit verschiedenen Funktionen einen Beitrag zur Forschung an Leichtbaumaterialien.

2 Forschungsziel und Lösungsweg

Dieses Kapitel beinhaltet das Forschungsziel und die angestrebten Forschungsergebnisse. Ebenfalls wird der Lösungsweg des Projektes erläutert und dargestellt.

2.1 Forschungsziel

Ziel des Forschungsvorhabens war die Entwicklung von Noppenwaben mit optimierten Eigenschaften, die auf der Materialzusammensetzung und des Herstellungsprozesses beruhen. Während des Projektes wurden daher die Eigenschaften von Noppenwaben mit unterschiedliche Mischungsverhältnisse und Prozessparameter analysiert, um die spezifisch anpassbaren Eigenschaften von dem Leichtbauwerkstoff bestimmen zu können.

2.1.1 Angestrebte Forschungsergebnisse

Im Rahmen dieses Forschungsprojektes wurden zahlreiche wissenschaftlich-technische Ergebnisse angestrebt. Die Entwicklung eines innovativen textilen Verbundes mit Noppenstruktur als strukturelles Material mit verschiedenen Anwendungsformen (autonom, als Kernmaterial in Sandwichstrukturen, im Verbund mit einem Gittergewebe) stand im Vordergrund des Forschungsvorhabens. Dabei soll der Einsatz nachwachsender Rohstoffe mit der Möglichkeit einer Kompostierung die Umweltfreundlichkeit gewährleisten. Die Eigenschaften der Noppenwaben wie das Kraft-Weg-Verhalten, die Schallabsorption, die Feuchtigkeitsaufnahme und -abgabe sowie das Brennverhalten wurden analysiert und können zukünftig an den Anwendungszweck angepasst werden. Diese Anpassung erfolgte durch Variation des Mischungsverhältnisses von PLA und Baumwolle, des Flächengewichtes, der Verfestigungsparameter, des Laminataufbaus und der Prozessparameter.

2.2 Lösungsweg zum Erreichen des Forschungsziels

Während dieses Forschungsvorhabens wurden verschiedene Rohstoffe, Halbzeuge, Vorprodukte und Demonstratoren hergestellt sowie analysiert: Zur Entwicklung der Noppenwaben wurden sowohl die Fasereigenschaften, das Rohstoffverhältnis, die Faser-

und Flächenkonstruktion, die thermische Verfestigung als auch die Noppengeometrie variiert und untersucht. Die Mischungsverhältnisse der beiden Fasern wurden verändert, um deren Einfluss zu untersuchen und die unterschiedliche Auswirkungen auf die spätere Noppenwabe festzustellen. Daraus wurden textile Flächen und anschließend Noppenwaben mit unterschiedlichen Varianten der Noppengeometrie hergestellt und zu Vorprodukten verarbeitet. Die entstandenen Textilien wurden auf ihre Eigenschaften untersucht. Dabei wurden die Prüfergebnisse der Noppenwaben/Demonstratoren hinsichtlich der Ergebnisse der bereits ermittelten Kennwerte der Fasern und textilen Flächen analysiert und Parameter verändert, damit in Zukunft die Eigenschaften optimal auf den jeweiligen Einsatzzweck eingestellt werden können. Der Umfang an verwendeten Fasern, herzustellenden textilen Flächen, Noppenwaben und Vorprodukten wurde mit Hilfe der statistischen Versuchsplanung während des Projektverlaufs eingeschränkt. In Abbildung 4 ist der Projektverlauf schematisch dargestellt.

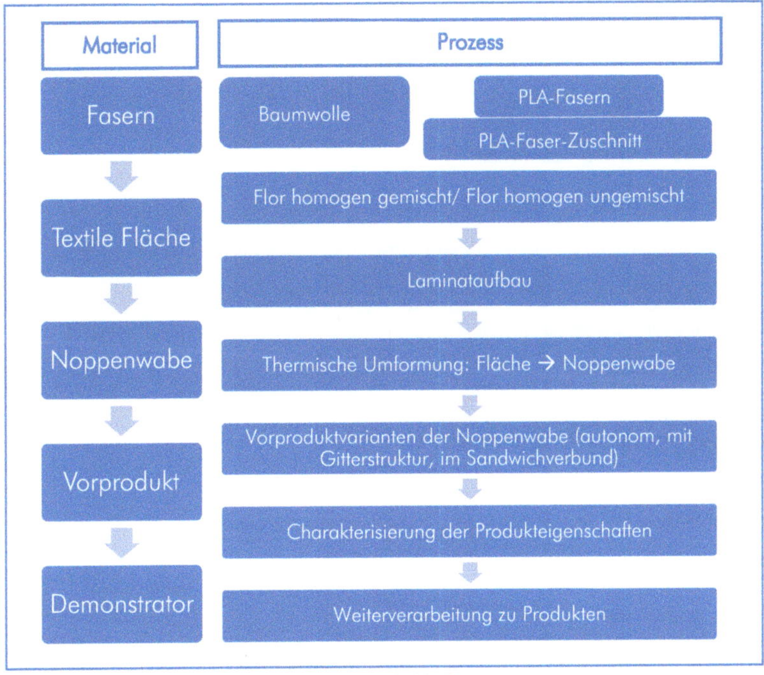

Abbildung 4: Projektablauf

3 Experimenteller Teil

Kapitel 3 beinhaltet die verwendeten Materialien und die während des Projektverlaufs angewandten Methoden zur Entwicklung von Noppenwaben. Zunächst werden die Parameter der verwendeten Materialien sowie die Entstehung der Werkzeuge beschrieben, bevor auf den Konsolidierungsprozess der Flore zu Noppenwaben eingegangen wird. Auch die Analysen zur Charakterisierung der zu entwickelnden Materialien werden in diesem Kapitel behandelt.

3.1 Material und Methoden

Das Material und die Methoden zur Herstellung von Noppenwaben ist im Folgenden dargestellt. Die Materialien umfassen Baumwoll- und PLA-Fasern. Zum Bereich der Methoden gehören die Entwicklung und Herstellung sowie die Analyse der Noppenwaben.

3.1.1 Fasern

Für die Herstellung von Noppenwaben wurden als Grundmaterial Baumwoll- und PLA-Fasern verwendet. Letztere wurden auf der Schmelzspinnanlage am FIBRE hergestellt.

3.1.1.1 Charakterisierung Baumwolle

Für die Herstellung der Noppenwabe sollte eine geeignete Baumwollfaser verwendet werden. Die Festigkeit und Feinheit der Baumwollfaser ist entscheidend für die Qualität. Auch welchen Anteil an kurzen Fasern die Baumwolle besitzt ist für die folgende Anwendung relevant. Diese Parameter wurden mithilfe der Uster HVI 1000 ermittelt.

3.1.1.2 Charakterisierung PLA-Fasern

Die PLA-Fasern wurden mit der Dynamischen Differenzkaliorimetrie (DSC) untersucht, die das Schmelz- und Kristallisationsverhalten ermittelt. Desweiteren wurden mithilfe der Thermomechanischen Analyse (TMA) das Schrumpfen und Erweichen des Thermoplasten untersucht.

3.1.1.3 Herstellung PLA-Fasern

Die Herstellung der PLA-Fasern erfolgte auf der institutseigenen Schmelzspinnanlage der Firma Fournè. Dort wurde das PLA-Granulat aufgeschmolzen und mit Abzugsgeschwindigkeiten von bis zu 900 m/min zu Filamenten versponnen.

3.1.2 Florherstellung

Die Flore wurden mithilfe einer Laborkrempel hergestellt. Diese mischt die zwei Faserkomponenten, löst diese bis zur Einzelfaser auf und richtet die Fasern in Maschinenrichtung aus. Aufgrund des kleinen Maßstabs der Maschine wurden die Fasern vor dem Zuführen an die Krempelmaschine manuell gemischt. Der Krempelvorgang wurde außerdem zur besseren Durchmischung der Natur- und Chemiefasern insgesamt dreimal wiederholt. Die herstellbare Materialgröße beträgt ca. 300 x 650 mm.

3.1.3 Simulation und Entwicklung von Werkzeugen

Zur Herstellung der Werkzeuge wurden zunächst verschiedene Winkel der Wände verschiedener Noppenformen simuliert, um die Form mit der höchsten Festigkeit zu ermitteln. Die Simulationen wurden mit dem Programm Abaqus 2017 der Firma SIMULIA durchgeführt.

Die Werkzeuge wurden mit dem Programm CATIA P1 V5 konstruiert. Mit diesem Programm lässt sich ein dreidimensionales Werkzeug darstellen, welches sich für eine technische Zeichnung in eine zweidimensionale Ebene exportieren lässt.

3.1.4 Thermische Konsolidierung und Herstellung von Vorprodukten

Die hergestellten Flore wurden konsolidiert, indem die thermoplastischen Fasern unter Druck und Wärmeauftrag aufschmelzen und mithilfe eines Nachdrucks im formgebenden Werkzeug ihre Geometrie einnehmen und verfestigen.

Die Flore wurden zunächst in einem flachen Werkzeug mit einem Vordruck, der durch Abstandsbleche ausgeübt wurde, in einer beheizbaren Presse behandelt. Anschließend fand ein Transfer des erwärmten Werkzeugs mit dem Flor zum formgebenden Werkzeug, ebenfalls mit Abstandsblechen jedoch mit geringerer Höhe, statt. Dieses war nicht beheizt.

Durch Abkühlen der aufgeschmolzenen thermoplastischen Faser verfestigt der Materialverbund und es entsteht eine Noppenwabe.

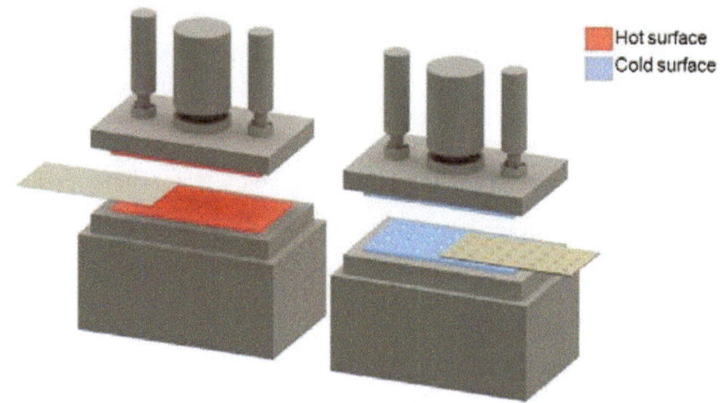

Abbildung 5: Herstellungsprozess Noppenwaben mit beheizter Presse und formgebender unbeheizter Presse

3.1.5 Materialanalyse

Verschiedene Materialanalysen wurden durchgeführt, um die Qualität der Noppenwaben zu analysieren. Im Folgenden werden die im Projekt durchgeführten Materialanalysen aufgeführt und beschrieben. Die Prüfkörper wurden ausgestanzt bzw. geschnitten, da sägen das thermoplastische Material aufschmelzen lässt und somit die Parameter beeinflusst werden. Die Prüfkörper wurden nach DIN EN ISO 291 [28] klimatisiert.

3.1.5.1 Mikroskopische Untersuchungen

Die mikroskopischen Untersuchungen zur Ermittlung der Faserverteilung und des Aufschmelzgrades von PLA wurden mit dem Rasterelektronenmikroskop (REM) durchgeführt. Da eine Einbettmasse eine Verschiebung der Fasern herbeiführte, wurden die Prüfkörper ohne Einbettmasse im Mikroskop untersucht.

3.1.5.2 Zugversuch

Nach *DIN EN ISO 527-4 Bestimmung der Zugeigenschaften* [29] wurden die Prüfkörper für den Zugversuch untersucht. Die Probengröße der Prüfkörper betrug 25 x 250 mm. Diese wurden mit der Zwick-Prüfmaschine mit einer Einspannlänge von 150 mm geprüft.

3.1.5.3 Druckversuch

Die Druckkraft wurde in Anlehnung an *DIN EN ISO 53291 Druckversuch senkrecht zur Deckschichtebene* [30] gemessen. Dafür wurden Einzelnoppen mit einem Durchmesser von 34 mm verwendet. Für die Noppen mit doppelter Größe betrug dieser Durchmesser 68 mm.

3.1.5.4 Brennverhalten

Die Ermittlung des Brennverhaltens der Materialien erfolgte nach *DIN EN ISO 75200 Bestimmung des Brennverhaltens von Werkstoffen der Kraftfahrzeuginnenausstattung* [31]. Die Prüfkörper hatten die Maße 80 x 330 mm.

3.1.5.5 Feuchtigkeitsaufnahme

Die Feuchtigkeitsaufnahme wurde sowohl an verschiedenen Baumwollsorten als auch an Noppenwaben mit verschiedenen Material- und Prozessparametern gemessen. Die Proben wurden nach *ASTM D2495-01: Test Method for Moisture in Cotton by Oven-Drying* [32] getrocknet. Anschließend wurde die Feuchtigkeitsaufnahme bei 65 % Luftfeuchtigkeit und 25 °C analysiert.

3.1.5.6 Akustische Untersuchungen

Die akustischen Messungen wurden mit dem Impedanzmessrohr durchgeführt. Der Durchmesser der Proben betrug dafür 100 mm. Als Vorbild der Prüfung diente *DIN EN ISO 10534-1:2001-10 Akustik - Bestimmung des Schallabsorptionsgrades und der Impedanz in Impedanzrohren - Teil 1: Verfahren mit Stehwellenverhältnis* [33]. Die Noppenwaben und flachen Proben wurden aufgrund ihrer geringen Materialstärke durch Dichtungsband im Impedanzmessrohr gesichert, da ansonsten Lücken zwischen Probe und Rohr vorhanden waren, die die Messungen verfälschen.

3.2 Ergebnisse

Im Folgenden sind die Ergebnisse des Projekts nach Aufgliederung der Arbeitspakete (AP) dargestellt. Während des Projektverlaufs ergaben sich Anpassungen der APs. Somit entfiel AP 2.2 und damit ebenfalls AP 3.2. Dies begründet sich in der Fokussierung auf Flore, da die Herstellung von Noppenwaben aus Maschenwaren aufgrund der mangelnden

Wirtschaftlichkeit von den Mitgliedern des Projektbegleitenden Ausschusses (PbA) als nicht relevant eingestuft wurde. Weitere Änderungen waren eine Ergänzung einer Simulation der Festigkeit von Noppen als Hilfsmittel der Konstruktion von Werkzeugen sowie zusätzliche Materialanalysen (Zugversuch).

3.2.1 AP 1 Materialcharakterisierung von Baumwollfasern und PLA

Für die Herstellung von Vliesen wurden Baumwollfasern und PLA-Fasern verwendet. Die Parameter dieser Fasern sind im Folgenden beschrieben.

3.2.1.1 Baumwolle

Langstapelfaser Baumwolle (Acala) aus Israel wurde für die Vliesherstellung verwendet. Der Micronaire, die Festigkeit und die Länge der Baumwolle sind in Tabelle 1 dargestellt.

Tabelle 1: Parameter der verwendeten Baumwolle

Micronaire	Festigkeit [g/tex]	Länge [mm]
4,37	28,75	29,00

3.2.1.2 PLA-Fasern

Die Monokomponentenfasern wurden mithilfe von thermischen Analysen DSC und TMA charakterisiert.

In Abbildung 5 ist der Prozess des Aufheizens sowie des Aufheizens und Abkühlens der PLA-Faser abgebildet. Der Schmelzpunkt der Faser liegt bei ca. 175 °C.

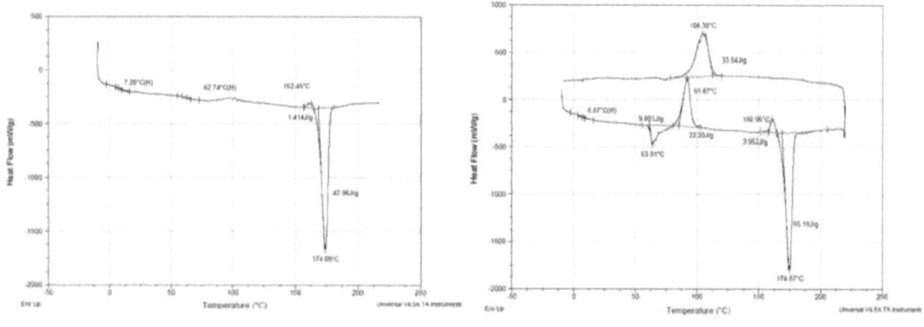

Abbildung 6: DSC-Analyse des PLA mit Aufheizen (links) und Aufheizen und Abkühlen (rechts)

Die TMA-Analyse aus Abbildung 6 lässt eine geringe Ausdehnung bis 60 °C erkennen. Ab dieser Temperatur fand ein Schrumpf von ca. 20 % statt. Erst bei höheren Temperaturen (ca. 90 °C) fand wieder eine leichte Dehnung statt.

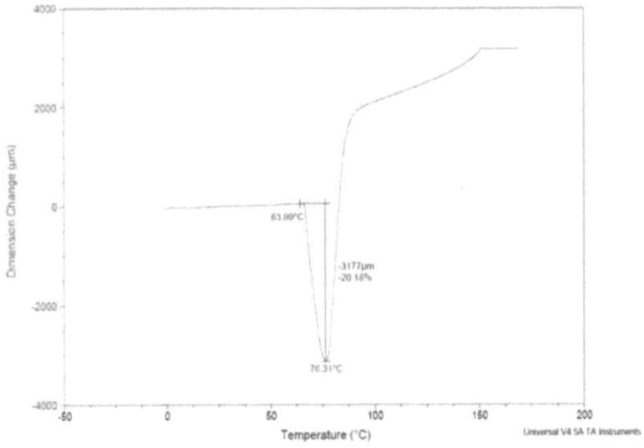

Abbildung 7: TMA-Analyse PLA

3.2.2 AP 2 PLA-Faserherstellung

Nach Vorversuchen mit Bikomponentenfasern (Schmelzbereich Mantel: ca. 135 °C, Schmelzbereich Kern: ca. 175 °C) wurde aufgrund der geringeren Festigkeit von niedrigschmelzendem PLA und der Verarbeitungszeit, die eine Temperatur oberhalb des Schmelzpunktes verlangt, Monokomponentenfasern mit hochschmelzendem PLA (ca. 175 °C) für die Versuche verwendet. Die Parameter der auf der Schmelzspinnanlage hergestellten Monokomponetenfasern aus PLA sind in Tabelle 2 dargestellt.

Tabelle 2: Parameter der PLA-Fasern

Feinheit [dtex]	Filamentanzahl	Filamentdurchmesser [μm]	Dichte [g/m³]
390	100	20	1,24

Nach dem Schmelzspinnen liegen die Fasern endlos auf Spulen vor. Um Stapelfasern zu erhalten, wurden diese mithilfe eines Stanzwerkzeuges zu Stapelfasern mit einer Länge von 60 mm geschnitten, sodass diese zusammen mit den Baumwollfasern zu Vliesen verarbeitet werden können.

3.2.3 AP 3 Entwicklung und Herstellung textiler Flächen

Flore aus PLA und CO können homogen gemischt oder inhomogen (nur aus CO oder PLA) vorliegen. Letztere ermöglichen einen Lagenaufbau mit Baumwolle an der Oberfläche und PLA im Inneren der Noppenwabe zur Beeinflussung der Haptik. Jedoch ergaben Vorversuche einen zu großen Verzug der PLA-Mittelschicht, was einen Schrumpf auslöste. Deswegen wurde diese Möglichkeit im weiteren Projektverlauf nicht verfolgt. Außerdem ergaben Vorversuche, dass ein PLA-Anteil von weniger als 50 % bei dem gewählten Flächengewicht keine entsprechenden Festigkeiten der Noppenwabe gewährleitstet. Daher wurden PLA-Anteile von 70 und 50 % zur Herstellung von Floren gewählt.

Dieses Arbeitspaket beinhaltet die Herstellung von Floren auf der institutseigenen Krempel. Dazu wurden CO und PLA-Faser in unterschiedlichen Mischungsverhältnissen (70/30 und 50/50 PLA/CO) gemischt und mit der Laborkrempel (Anton Guillot, Aachen) zu Floren verarbeitet. Diese Flore wurden nach der Herstellung von der Aufwicklung abgenommen und weitere zweimal mit der Krempel verarbeitet. Dies gewährleistet einen homogen gemischten Flor. Die Flore uerden mit einem Flächengewicht von 400 g/m² hergestellt. Die Parameter der erstellten Flore sind in Tabelle 3 dargestellt.

Tabelle 3: Parameter der Flore

Flächengewicht [g/m²]	Mischungsverhältnis PLA/CO [%]
400	70/30
400	50/50

Nach der Verarbeitung der Fasern wurden die Flore zu Vliesen gelegt. Der Lagenaufbau erfolgte sowohl in machine direction (MD) als auch in cross direction (CD). Somit erhöhte sich das Flächengewicht von 400 g/m² auf 800 g/m². Außerdem wurden Flore mit einem Flächengewicht von 1600 g/m² zu Vliesen verarbeitet. In der folgenden Tabelle (Tabelle 4) sind die Parameter der Vliese abgebildet.

Lagenaufbau	Flächengewicht [g/m²]	Mischungsverhältnis PLA/CO [%]
0/90	800	70/30
0/0	800	70/30
0/90	800	50/50
0/90	1600	70/30

3.2.4 AP 4 Thermische Verfestigung mit Einbringung der Noppenstruktur

In Kapitel 3.2.4 wird der Weg zur Konsolidierung der Noppenwabe dargestellt. Dies beinhaltet zunächst die Simulation der Werkzeugform, die Entwicklung und Darstellung der formgebenden Werkzeuge und der Konsolidierungsprozess in der Presse.

3.2.4.1 AP 4.2 Simulation von Noppengeometrien

Die Simulation der Werkzeugform erfolgte sowohl bei den flachen Noppen als auch bei den spitzen Noppen, um den optimalen Winkel der Noppenneigung für eine möglichst hohe Festigkeit zu ermitteln. Ebenfalls wurden verschiedene Höhen der Noppen simuliert. Die variierten Parameter Winkel und Höhe sind in Abbildung 8 in rot dargestellt.

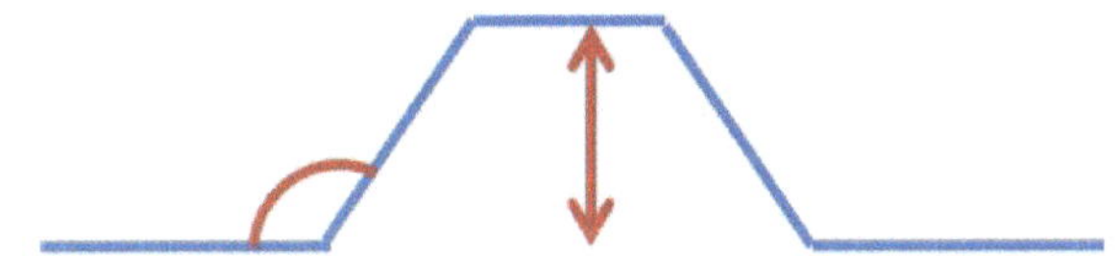

Abbildung 8: Darstellung der variierten Parameter Winkel und Höhe (rot) an der Noppe (blau)

Es erfolgten Simulationen mit Noppen mit flacher Oberseite, bei denen die Winkel der Noppenwand sowie die Höhe variiert wurden. Die Noppen mit spitzer Oberseite wurden anhand der Höhe und des Winkels der flachen Noppe konstruiert und durch eine Simulation auf die Festigkeit geprüft. Die einzelnen Noppen wurden zunächst mit Catia P1 V5 konstruiert, bevor eine Simulation folgte. Die Wandstärke der Noppen betrug 1 mm. Als Beispielmaterial für die Simulation wurde PLA verwendet. Die Festigkeit durch eine Belastung von 100 N auf die Kreisfläche wurde mit Höhen von 7 bis 14 mm simuliert, was

in Abbildung 9 zu sehen ist. Die Festigkeit sinkt mit zunehmender Höhe, folglich sind Noppen mit geringer Höhe belastbarer.

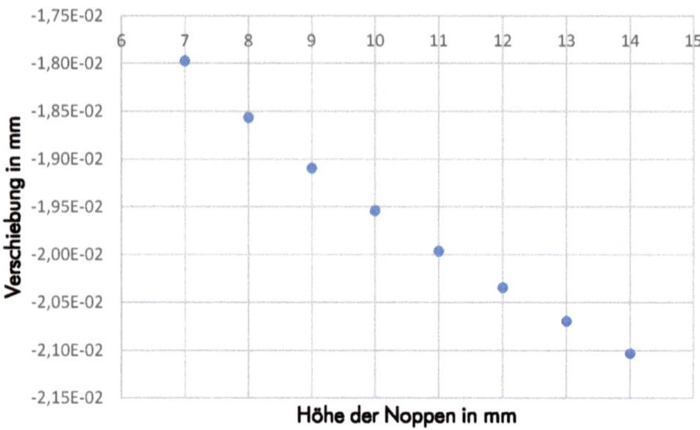

Abbildung 9: Simulierte Höhen der flachen Noppen von 7 bis 9 mm

In Abbildung 10 sind die Ergebnisse der Simulation der Noppen mit verschieden steilen Winkel dargestellt. Diese reichen von 95 bis 140°. Die höchste Festigkeit wurde bei Noppen mit einem Winkel der Seitenwand von ca. 120° festgestellt.

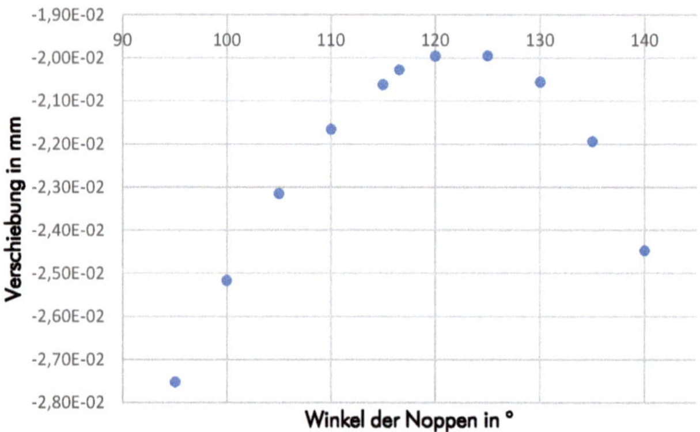

Abbildung 10: Simulierte Winkel der flachen Noppen von 95 bis 150°

Ebenfalls wurden die spitz-zulaufenden Noppen simuliert. Dazu wurden sechs verschiedene Noppen konstruiert und mit denselben Parametern wie zuvor belastet. Die Formen sind in Abbildung 11 zu sehen und wurden mit Welle 1 - 6 benannt. Welle 2 ist in Form einer Halbkugel.

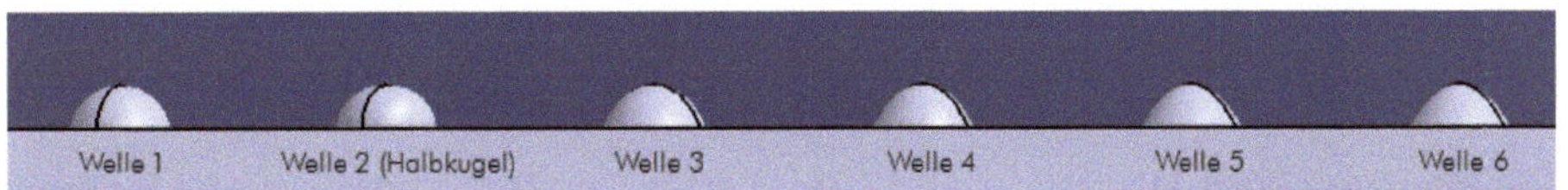

Abbildung 11: Simulierte runde bzw. spitz- zulaufende Noppenformen (Welle 1 - 6)

Aus den in Abbildung 12 dargestellten Resultaten ist kein klarer Trend zu erkennen. Die Festigkeit der spitzesten Noppe (Welle 6) übertrifft die der halbkugelförmigen. Die Festigkeit der spitz-zulaufenden Noppen steigt. Deswegen wurde Welle 6 als Werkzeug zur Herstellung der Noppen umgesetzt. Aufgrund des herstellungsbedingten Verzuges bei spitzzulaufenden Noppen, das zu einem Materialbruch führen kann, wurde von einer spitzeren Noppe abgesehen.

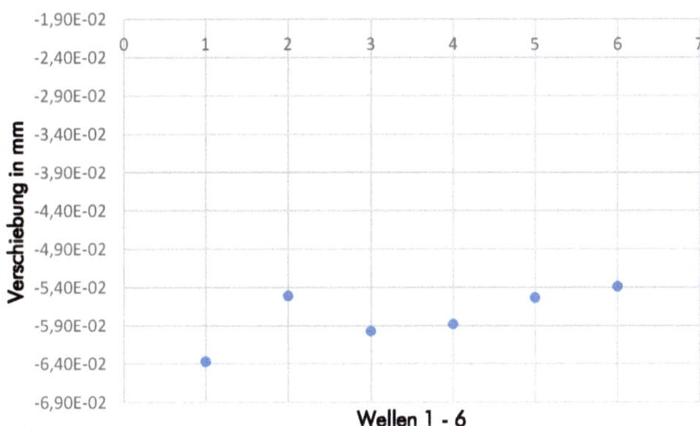

Abbildung 12: Simulierte spitzzulaufende bzw. runde Noppen (Welle 1 - 6)

3.2.4.2 AP 4.3 Entwicklung und Herstellung von Werkzeugen

Während des Projektverlaufs wurden insgesamt fünf Werkzeuge hergestellt. Drei davon besaßen eine Noppengeometrie. Die beiden flachen Werkzeuge dienten zur Erwärmung und zum Leisten des Vordrucks sowie zum Pressen der flachen Prüfkörper. Die formgebenden Werkzeuge wurden für Noppen mit einer Wandstärke von 1 mm konstruiert. Die Positiv- und Negativform muss daher andere Maße besitzen, damit die Wandstärken homogen gepresst werden. Identische Formen würden in dünneren Seitenwänden resultieren, was Abbildung 13 abbildet.

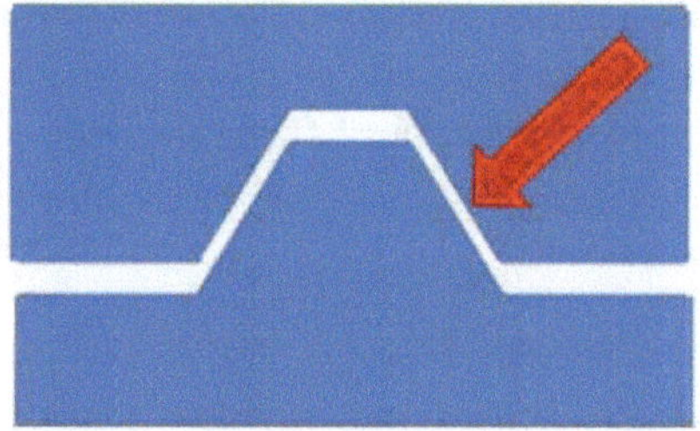

Abbildung 13: Werkzeug mit identischer Form der Positiv- und Negativplatte eines Werkzeugs (Seitenansicht)

Außerdem wurden die Kanten des Werkzeugs radial abgerundet, damit sich das Material nach der Konsolidierung besser entformen lässt und das Material beim Verzug durch das Pressen nicht beschädigt wurde. Die Maße der Noppen beruhen auf der Simulation der Festigkeit.

Das Werkzeug mit der flachen Oberseite der Noppe wird als "Werkzeug flach A" bezeichnet und ist in Abbildung 14 und Abbildung 15 anhand der technischen Zeichnungen der Unterplatte (Positivform) und Oberplatte (Negativform) dargestellt. Die technischen Zeichnungen der weiteren formgebenden Werkzeuge (Noppen flach B und Noppen spitz sind in Anhang 8.1 und 8.2 abgebildet. Die Werkzeuge haben die Flächenmaße 500 x 500 mm und wurden aus Aluminium gefertigt. Zur Befestigung an der Presse sind Materialaussparung vorhanden. Außerdem wurden Bohrungen angebracht, die durch Führungsstifte die Position der Platten gewährleisten, sodass die Noppen homogen hergestellt werden können. Die Höhe der Einzelnoppen des Werkzeuges betrug 8 mm. Der untere Durchmesser betrug 19,24 mm, der obere Durchmesser 10 mm. Diese Werte vernachlässigen die radiale Abrundung zur einfacheren Entformung und besserer

Drapierbarkeit der gefertigten Materialien. Der Abstand der Noppen, gemessen von Mittelpunkt zu Mittelpunkt der Noppe, betrug 40 mm.

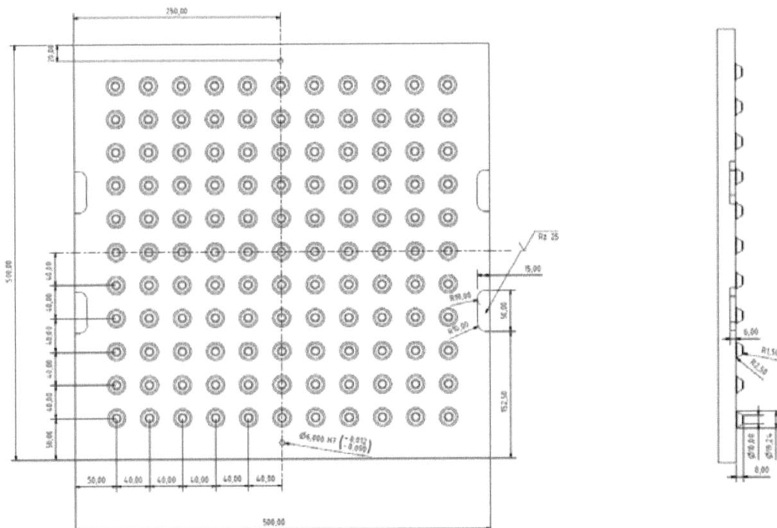

Abbildung 14: Technische Zeichnung Positivform Werkzeug flach A, Draufsicht (links) und Seitenansicht (rechts)

Die Negativform (Abbildung 15) besitzt dieselben Außenmaße wie die Positivform und ebenfalls gefräste Aussparungen an den Seiten zur Befestigung an der Presse.

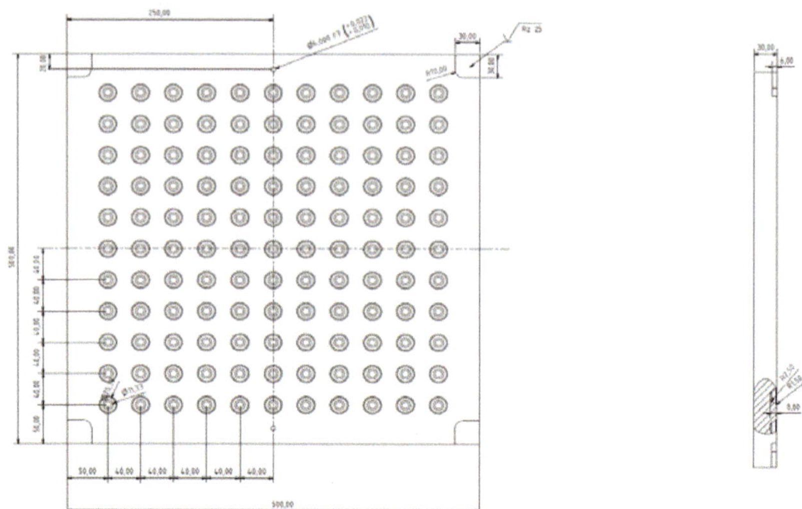

Abbildung 15: Technische Zeichnung Negativform Werkzeug flach A, Draufsicht (links) und Seitenansicht (rechts)

Die Parameter der formgebenden Noppenwabenwerkzeuge flach A, flach B und spitz sind in der folgenden Tabelle zusammengefasst.

Tabelle 5: Parameter der Noppenwerkzeuge

Werkzeug		Höhe Noppe [mm]	Durchmesser Noppe (unten) [mm]	Durchmesser Noppe (oben) [mm]	Abstand Noppen (Mittelpunkt zu Mittelpunkt) [mm]	Anzahl Noppen / Werkzeug [Stk.]
Flach A		8	19,24	10	40	121
Flach B		16	38,48	20	80	25
Spitz		8	19,24	-	40	121

AP 4.3 Thermische Verfestigung

Die thermische Verfestigung erfolgte in einem zweistufigen Thermobondingprozess. Die textilen Flächen wurden zwischen Teflonfolie im Lagenaufbau zunächst unter einem durch Abstandsbleche (2 mm) verursachtem Vordruck in einer Presse in einem zweidimensionalen Werkzeug erwärmt. Die Folie war für die Handhabung der Flore notwendig, da diese in unverfestigter Form vorlagen. Im späteren Prozess mit verfestigten Floren (Vliesstoffe) ist dies jedoch nicht notwendig. Es kann, wie in der Industrie, Teflonspray verwendet werden.

Die Temperatur betrug ca. 195 °C. Diese lag ca. 20 °C über der Schmelztemperatur der Bindefaser. Je höher die Temperatur im Prozess ist, desto kürzer kann die Konsolidierungszeit ausfallen, jedoch schädigt eine zu hohe Temperatur die Fasern, im Besonderen die Naturfasern. Die für das Projekt angewandten Erwärmungszeiten betrugen 30 und 90 s. Anschließend wurden die erwärmten Vliese mit der Teflonfolie in das formgebende Noppenwabenwerkzeug, bzw. für die flachen Composites zwischen zweidimensionalen Werkzeugen, transferiert. Dort bestimmten Abstandsbleche von 1 mm den Pressdruck und komprimierten die Composites. Bei Normaltemperatur kühlte die Bindefaser PLA ab und bildete eine Matrix um die Baumwollfasern. Dieser Vorgang erfolgt innerhalb weniger Sekunden. Der Konsolidierungsprozess ist in Abbildung 16 dargestellt.

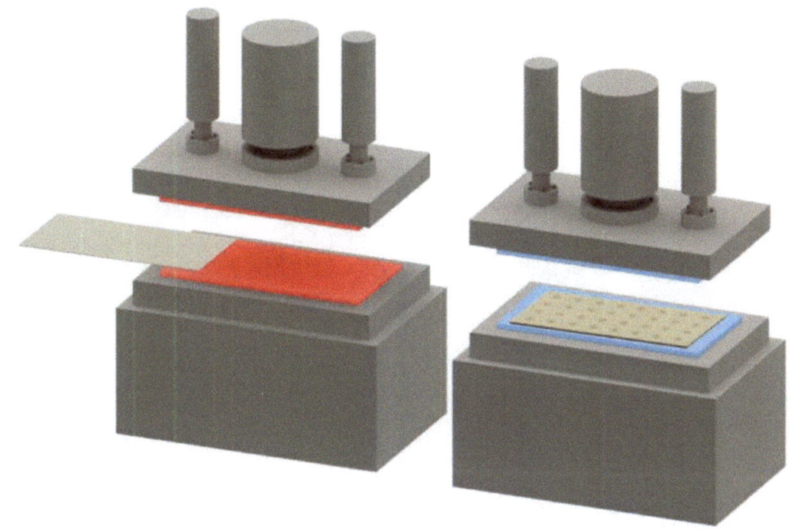

Abbildung 16: Konsolidierungsprozess von Noppenwaben

Die Prozessparameter (Temperatur, Zeit, Druck) wurden aufgrund von Vorversuchen entwickelt, die an die Herstellungsweise der Industrie angelegt waren. Aufgrund der unzureichenden Festigkeiten von Floren mit einem Bindefaseranteil von 30 %, wurde von einer Herstellung von Noppenwaben mit diesem Mischungsverhältnis abgesehen. Neben Noppenwaben aus Polylactid und Baumwolle wurden ebenfalls Noppenwaben aus textilen Flächen (Vliesstoffe: PES/CO, PP/Hanf, PP/Flachs; Gewebe: PP/Glasfasern) der Firmen

des Projektbegleitenden Ausschusses hergestellt. Aufgrund der materialspezifischen Eigenschaften wurde der Herstellungsprozess entsprechend angepasst. Diese sind jedoch in diesem Bericht nicht aufgeführt.

3.2.4.3 AP 4.4 Prüfen der Prozessbedingten Qualität

Die prozessbedingte Qualität wurde anhand von mikroskopischen Analysen durchgeführt. Damit ließ sich der Aufschmelzgrad der Bindefaser überprüfen. Auch die Homogenität und die Porenbildung des Fasermaterials wurde durch diese Materialanalyse sichtbar. Die Materialparameter können aus Tabelle 6 entnommen werden.

Die REM-Aufnahmen der Composites mit unterschiedlichen Flächengewichten sind in Abbildung 17 gegenübergestellt. Material 1 besitzt ein Flächengewicht von 800 g/m^2 während Material 4 bei den sonst gleichen Parametern 1600 g/m^2 wiegt. Die Aufnahmen zeigen, dass Material 4 deutlich stärker komprimiert wurde und somit die Baumwollfasern mehr von der PLA-Matrix umschlossen wurden.

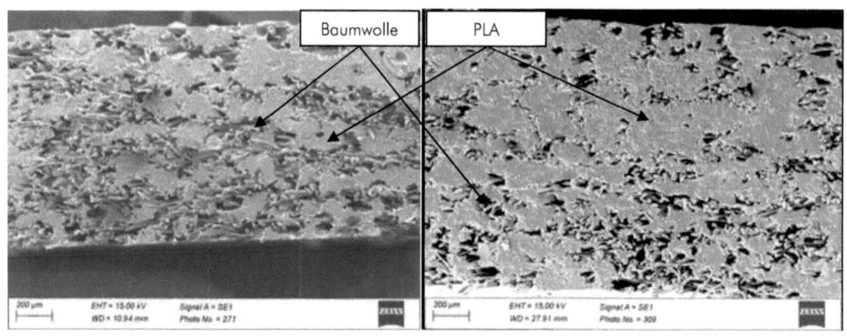

Abbildung 17: Material 1 (MD) und Material 4 (MD) mit unterschiedlichen Flächengewichten

Der Vergleich der unterschiedlichen Mischungsverhältnisse ermöglichen die Materialien 1 und 6. Der hohe Matrixanteil ist in der Aufnahme von Material 1 im Vergleich von Material 6 deutlich zu erkennen (Abbildung 18). In letzterem liegen deutlich mehr Baumwollfasern vor und die höhere Porosität des Materials ist sichtbar.

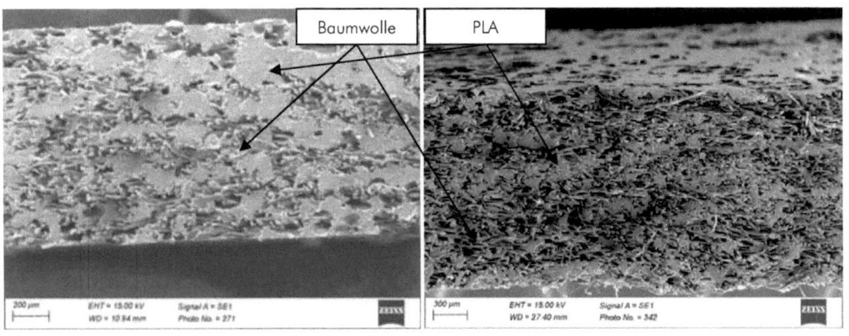

Abbildung 18: Material 1 (MD) und Material 6 (MD) mit unterschiedlichen Mischungsverhältnissen

Der Laminataufbau von Material 2 ist homogen, was bedeutet, dass alle Fasern identisch ausgerichtet sind. Material 1 besitzt einen 0/90 Lagenaufbau. Beide Materialien sind in den folgenden Abbildungen (Abbildung 19 und Abbildung 20) in MD und CD abgebildet. Die Ausrichtung der Baumwollfasern ist jedoch auf den mikroskopischen Abbildungen ähnlich, da es mit der Herstellungsmethode der Flore nicht möglich ist, die Fasern völlig gerade auszurichten.

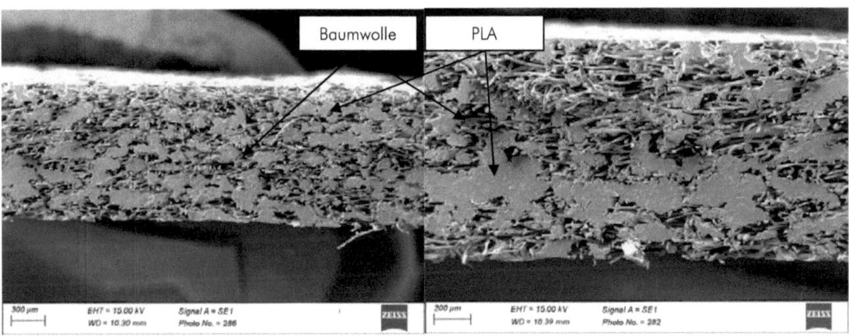

Abbildung 19: Material 2 in MD und CD

26

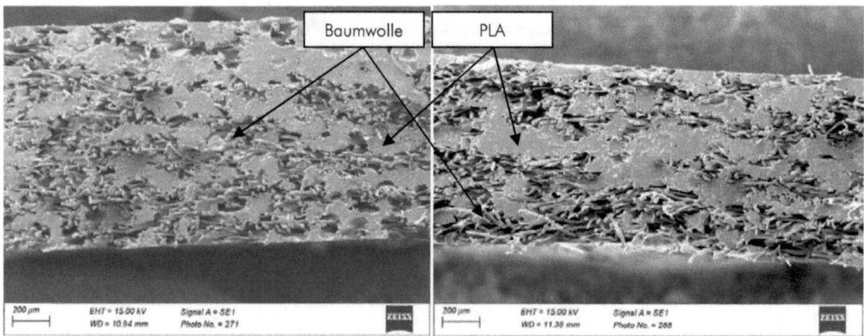

Abbildung 20: Material 1 in MD und CD

Die Konsolidierungszeit der Noppenwaben wurde sowohl mit den unterschiedlichen Mischungsverhältnissen und den Flächengewichten untersucht. Die längere Konsolidierungszeit von Material 3 im Vergleich zu Material 1 (Abbildung 21) zeigt etwas vergrößerte Zwischenräume um die Baumwollfasern im Material mit der längeren Konsolidierungszeit.

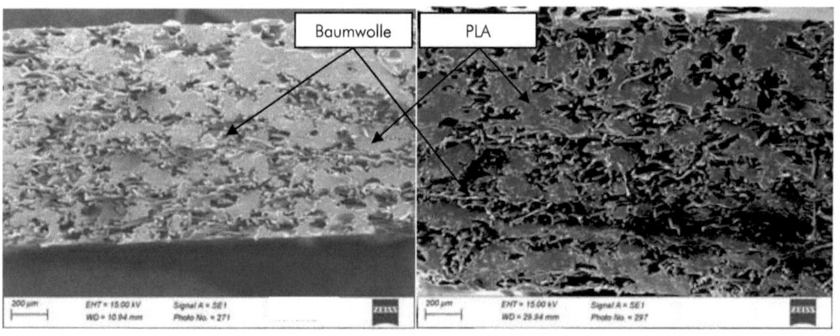

Abbildung 21: Material 1 und 3 (MD)

Material 6 und 7 besitzen einen hohen Baumwollanteil und unterschiedliche Konsolidierungszeiten. Diese sind in der folgenden Abbildung (Abbildung 22) dargestellt. Auf den REM-Aufnahmen sind keine Unterschiede deutlich.

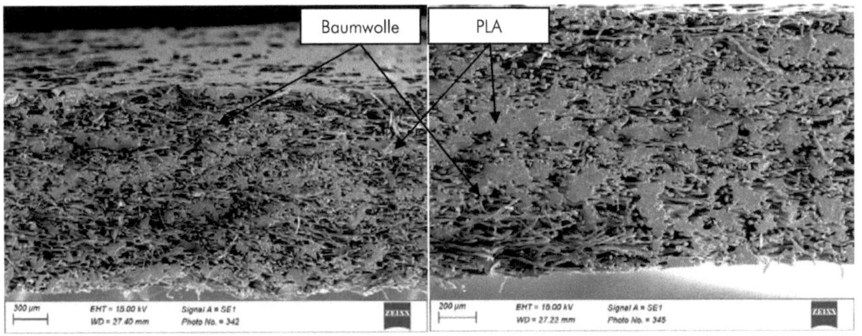

Abbildung 22: Material 6 und 7 (MD)

Die mikroskopischen Aufnahmen von den Materialien mit hohem Flächengewicht (Material 4 und 5) wurden mit verschiedenen Konsolidierungszeiten hergestellt. Auch diese Ergebnisse zeigen keinen Unterschied mit diesem Analyseverfahren wie in Abbildung 23 zu erkennen ist.

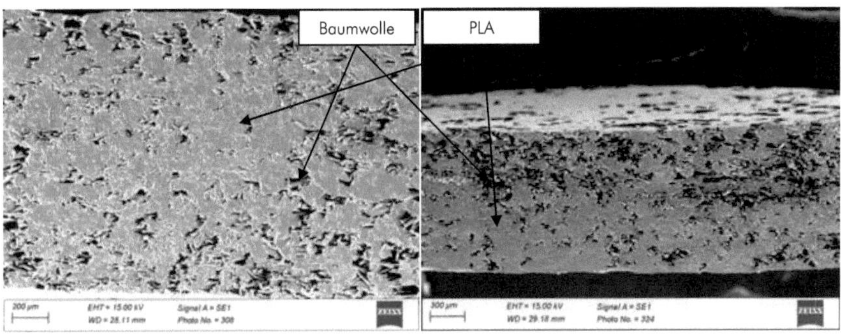

Abbildung 23: Material 4 und 5 (MD)

Die REM-Aufnahmen der verschiedenen Materialtypen zeigen eine hohe Homogenität der Faser- und Matrixanteile und einen sehr guten Aufschmelzgrad der PLA-Fasern, was auf eine angemessene Konsolidierungszeit rückschließen lässt.

3.2.5 AP 5 Herstellung von Vorprodukten

Vorprodukte sind Noppenwaben ohne Sandwichstruktur. An diesen Prüfkörpern wurden die Versuche durchgeführt. Die Parameter der Noppenwaben wurden variiert durch die Konsolidierungszeit (30 und 90 s), das Flächengewicht (800 und 1600 g/m²), den Lagenaufbau

(0/0 und 0/90) sowie die Anteile von PLA/CO (70/30 und 50/50). Mit diesen Parametern entstanden sieben verschiedene Materialtypen, die in der folgenden Tabelle (Tabelle 6) dargestellt und nummeriert sind. Diese Materialtypen wurden mit verschiedenen Noppenwabenwerkzeugen und mit einem zweidimensionalen Werkzeug für flache Prüfkörper hergestellt. Die Noppenwaben und zweidimensionalen Composites, die mit den jeweiligen Materialtypen hergestellt wurden, sind ebenfalls in der Tabelle vermerkt.

Tabelle 6: Materialtypen der Noppenwaben und zweidimensionalen Composites

#	Zeit [s]	Flächen-gewicht [g/m²]	Aufbau	Anteil PLA/ CO [%]	Werkzeuge			
					Noppe flach A	Noppe flach B	Noppe spitz	flach
1	30	800	0/90	70/30	X	X	X	X
2	30	800	0/0	70/30	X			X
3	90	800	0/90	70/30	X			X
4	30	1600	0/90	70/30	X	X		X
5	90	1600	0/90	70/30	X	X		X
6	30	800	0/90	50/50	X			X
7	90	800	0/90	50/50	X			X

Neben den autonomen Vorprodukten bestehen ebenfalls die Vorprodukte im Sandwichverbund und die Vorprodukte bedeckt mit Gitternetzen. Dafür muss eine geeignete Fügemethode gewählt werden, die diversen Ansprüchen genügen muss, wie beispielsweise die Verträglichkeit mit den Komponenten (PLA und CO), sodass der Prozess keine Werkstoffveränderung zur Folge hat. Auch darf diese Methode nur ein geringes Zusatzgewicht zur Noppenwabe beitragen. Eine Spannungskonzentration zwischen den Decklagen und der Kernschicht darf ebenfalls nicht entstehen. Für das Fügen der Noppenwabe wurde überprüft, ob ein thermisches Fügen der Schichten möglich ist. Dies würde eine weitere Komponente einsparen und ist im Herstellungsprozess umsetzbar. Jedoch zeigten die Versuchsergebnisse, dass ein thermisches Fügen nicht zielführend ist: bei einer geringen Erwärmungszeit löste sich der Thermoplast nicht vollständig auf und die Lagen verbanden sich nicht. Erhöhte man die Konsolidierungszeit, sank die Noppenwabenkernschicht ab, wodurch der Druck vergrößert wurde und die Noppen beschädigt wurden. Wenn der Druck nicht erhöht wurde, fand keine Kompression statt, die die Lagen verbindet. Das Aufbringen von nur einer Decklage war jedoch möglich, wenn sich die Noppenwabe auf dem formgebenden Werkzeug befindet, das den Erhalt der

Noppen gewährleistet.

Aufgrund dieser Versuche soll der Sandwichverbund durch Kleben gefügt werden. Der Klebstoff kann aufgesprüht werden oder manuell auf die Materialien aufgebracht werden.

3.2.6 AP 6 Analyse und Bewertung der Eigenschaften von Vorprodukten

AP 6 behandelt die Analysen der hergestellten Noppenwaben. Darunter zählen die Druckfestigkeit mit der Berechnung des Rückformvermögens, die Zugfestigkeit, die Schallabsorption, das Brennverhalten und die Feuchtigkeitsregulation.

3.2.6.1 AP 6.1 Prüfen und Bewerten des Kraft-Weg-Verhaltens und des Rückformvermögens

Die Druckprüfung erfolgte an den Materialien 1 - 7 mit dem Werkzeug Noppe flach A, an den Materialien 1, 4, 5 des Werkzeuges Noppe flach B und an Noppen hergestellt mit dem Werkzeug spitz aus dem Materialtyp 1. Die Prüfung wurde an den Einzelnoppen durchgeführt. Noppen flach A und Noppe spitz besaßen einen Durchmesser von 34 mm. Die doppelt so großen Noppen flach B besaßen einen Durchmesser von 68 mm. Die folgende Grafik (Abbildung 24) stellt die maximale Kraft der Noppen gegenüber. Der Materialtyp ist durch die Nummer vermerkt und kann aus Tabelle 6 entnommen werden.

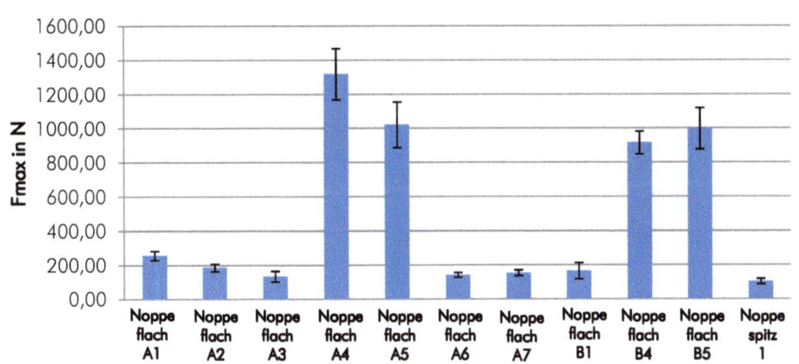

Abbildung 24: Maximale Druckkräfte der Noppen

Aus den Maximalkräften bei der Druckbelastung ist zu erkennen, dass ein höheres Flächengewicht und eine höhere Verdichtung der Materialien bessere maximale

Druckkräfte erzielten. Die Verdoppelung der Größen der Noppen von Noppe A führt nur zu einer geringen Kraftreduzierung durch den höheren Verzug des Materials. Auch die verschiedenen Mischungsverhältnisse der Fasern haben nur geringe Auswirkungen auf die maximale Druckkraft, allerdings besitzen Noppen mit einem höheren Bindefaseranteil etwas höhere Festigkeiten. Auch der Lagenaufbau 0/90 erhöht diese Festigkeit im Vergleich zu einem 0/0-Aufbau. Die Konsolidierungszeit von 90 s ist im Vergleich zu 30 s negativ für Noppen mit einem Flächengewicht von 800 g/m². Bei einem Flächengewicht von 1600 g/m² steigt jedoch die Maximalkraft bei längerer Verweilzeit in der erwärmten Presse, was darauf schließen lässt, dass die Bindefasern bei 30 s noch nicht vollkommen aufgeschmolzen waren und vollkommen eine Matrix bilden konnten. Die spitze Noppe zeigt die geringste Druckkraft und ist somit für Anwendungen mit großer Druckbelastung weniger geeignet als die flachen Noppen.

Durch die Kraftkurven der Druckmessung ist zu erkennen, dass kein plötzlicher Kraftabfall vorhanden ist. Dies liegt am Eindrücken des Noppenprüfkörpers. Sobald der Prüfkörper einknickt lässt die Druckkraft zwar nach, sinkt aber nicht zum Nullpunkt.

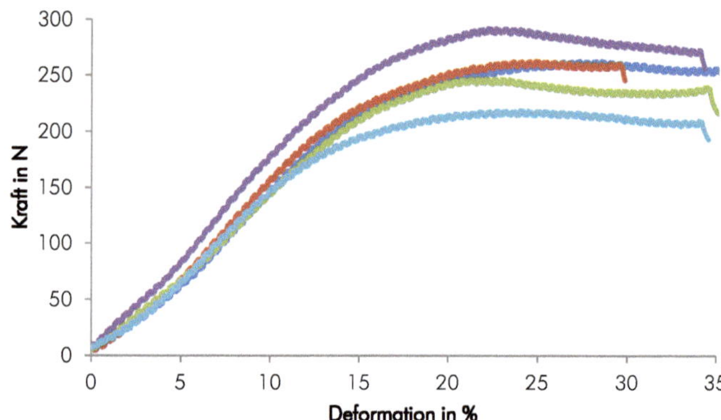

Abbildung 25: Kraftverläufe der Noppen am Beispiel von Noppe flach A1

Das Rückformvermögen und die Relative Eindrucktiefe der Noppenwaben wurde ebenfalls untersucht. Diese können durch die Höhe der Noppen während des Druckversuchs nach [34] in Prozent berechnet werden. Es lässt sich für das Rückformverhältnis r_E folgende Gleichung aufstellen. Höhe$_1$ steht dabei für die Höhe nach Kraftauftrag, Höhe$_{Fmax}$ für die

Höhe der Noppe bei Einwirkung der Maximalkraft und $Höhe_0$ für die Ausgangshöhe der Noppe.

$$r_E = (Höhe_1 - Höhe_{Fmax}) / (Höhe_0 - Höhe_{Fmax}) *100$$

Die Relative Eindrucktiefe t kann wie folgt berechnet werden.

$$t = (Höhe_0 - Höhe_{Fmax}) / Höhe_0 *100$$

Daraus ergeben sich die in Abbildung 26 abgebildeten Werte des Rückformvermögens (blau) und der Relativen Eindrucktiefe (rot).

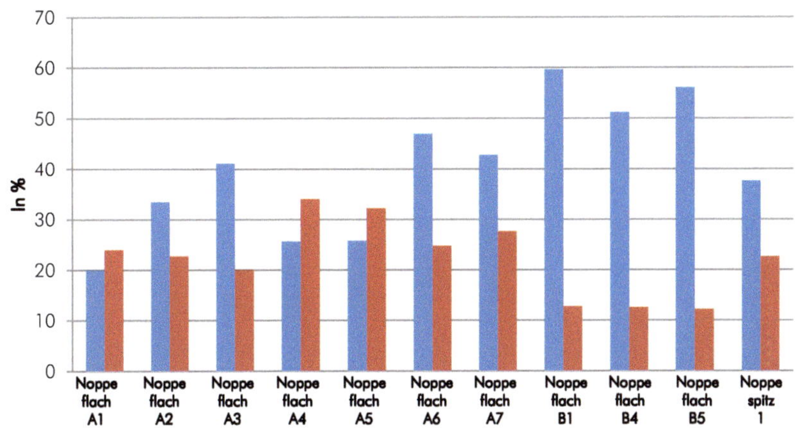

Abbildung 26: Rückformvermögen (blau) und Relative Eindrucktiefe (rot) der Noppen in Prozent

Ein höheres Flächengewicht der Noppenwaben erhöht die Relative Eindrucktiefe. Auf das Rückformvermögen können aufgrund der Ergebnisse keine Rückschlüsse gezogen werden. Die Vergrößerung der Noppen (Werkzeug B) besitzt die geringste Relative Eindruckstiefe, was bedeutet, dass eine Beschädigung der Noppe bei einer geringen Eindruckstiefe erfolgt. Das Rückstellvermögen dagegen ist durchgehend hoch. Auch bei Noppen mit einem niedrigen Bindefaseranteil ist das Rückstellvermögen höher als bei den Noppen mit einem PLA-Anteil von 70 %. Dies lässt sich dadurch erklären, dass ein Bruch der Matrix für die Reduzierung der Kraftaufnahme verantwortlich ist. Baumwolle wird durch einen Druckauftrag nicht oder nur geringfügig beschädigt und kann sich dadurch besser erholen.

Noppenwaben ohne Lagenaufbau (0/0) zeigen ein erhöhtes Rückformvermögen und eine ähnliche Relative Eindrucktiefe. Durch die höhere Festigkeit der Noppen mit einem Lagenaufbau von 0/90 könnte eine höhere Beschädigung der Matrixstruktur entstehen, die zu diesem Ergebnis führen könnte. Das Rückstellvermögen der Noppe flach A3 mit einer erhöhten Konsolidierungszeit ist stark gestiegen. Dies kann durch die geringere Festigkeit zurückgeführt werden, allerdings ist das Rückstellvermögen der Noppen flach B5 mit erhöhter Konsolidierungszeit ebenfalls gestiegen. Diese besaß jedoch eine höhere Festigkeit als B4. Die spitzen Noppen besitzen ein höheres Rückstellvermögen als die Noppe flach A mit dem selben Materialtyp, was auf die geringe Festigkeit schließt. Die Relative Eindrucktiefe ist ähnlich hoch.

3.2.6.2 AP 6.2 Prüfen und Bewerten der Zugfestigkeit

Der Zugversuch wurde an flachen Prüfkörpern durchgeführt. Die Prüfkörper in der Größe 250 x 25 mm wurden an allen sieben Materialtypen geprüft. Materialtyp 2 mit der Faserausrichtung 0/0 wurde sowohl in machine direction (MD) als auch cross direction (CD) geprüft. Die Ergebnisse des Zugversuchs sind in der folgenden Grafik (Abbildung 27) dargestellt.

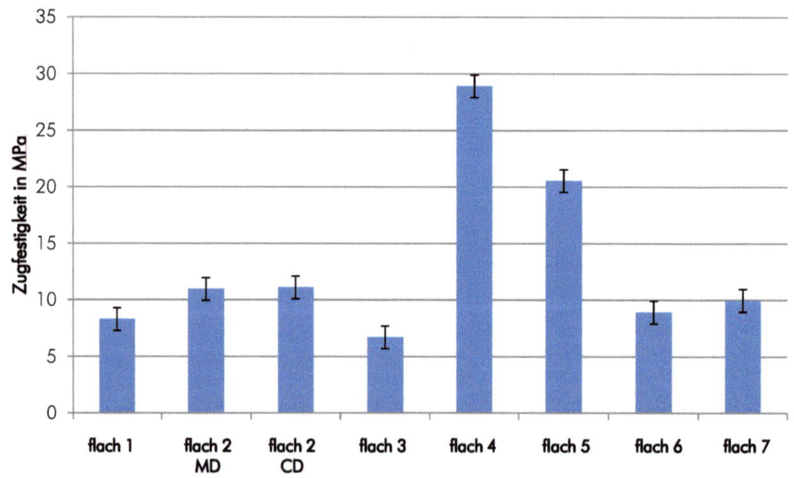

Abbildung 27: Vergleich der Zugfestigkeit in MPa der zweidimensionalen Composites der verschiedenen Materialtypen

Das Flächengewicht hat wie schon bei der Prüfung der Druckfestigkeit starke Auswirkungen auf die Eigenschaften. So ist die Zugfestigkeit bei Materialtypen mit einem Flächengewicht von 1600 g/m² wesentlich höher. Der erhöhte Druckauftrag bei der Herstellung ist zusätzlich ein Einflussfaktor für diesen Wert. Die Mischungsverhältnisse der Composites dagegen bewirken keine Verbesserung der Zugfestigkeit. Auch die Prüfung in machine direction, die meist eine erhöhte Festigkeit zur Folge hat, zeigt in diesem Fall keine Auswirkungen. Dies kann durch eine Ungenauigkeit an den Prüfkörpern verursacht werden: Besitzen diese Dünnstellen oder Fehlstellen durch die Florherstellung oder den Pressvorgang, wirken diese als Sollbruchstellen und Verringern die Festigkeit. Bei der Zugfestigkeit ist eine erhöhte Konsolidierungszeit für Composites mit hohem Bindefaseranteil nachteilig, während ein Vorteil für diese mit geringerem PLA-Anteil entsteht. Bei den Prüfkörpern mit hohem Flächengewicht hat die kurze Konsolidierungszeit positive Auswirkungen. Dies kann erklärt werden, dass die Baumwollfasern einen wesentlichen Beitrag zur Festigkeit leisten und nach der Matrix reißen. Ist mehr PLA im Prüfkörper vorhanden, führt dies zu einem vorzeitigen Bruch.

3.2.6.3 AP 6.3 Prüfen und Bewerten der Schallabsorption

Die Impedanzmessung der Prüfkörper gab Auskunft über die akustischen Eigenschaften der Noppenwaben und die zweidimensionalen Prüfkörpern. Für die Messungen wurden Prüfkörper mit einem Durchmesser von 100 mm verwendet. Damit konnten Frequenzen in den Bereichen von 50 - 1600 Hz untersucht werden. Untersucht wurden die zweidimensionalen Composites (flach), die Noppenwabe mit den Noppen ausgerichtet zur Geräuschquelle (Vorderseite) und in die gegengesetzte Richtung (Rückseite). Außerdem wurde die Prüfung mit flachen und spitzen Noppen durchgeführt und die unterschiedlichen Mischungsverhältnisse miteinander verglichen. Auch die Ergebnisse eine doppelwandige Konstruktion sind im Folgenden dargestellt.

In Abbildung 28 ist der Transmission Loss vom zweidimensionalen Composites im Vergleich zu der Vorderseite (VS) und Rückseite (RS) der Noppen abgebildet. Alle Composites weisen einen hohen Baumwollanteil (50 %) auf.

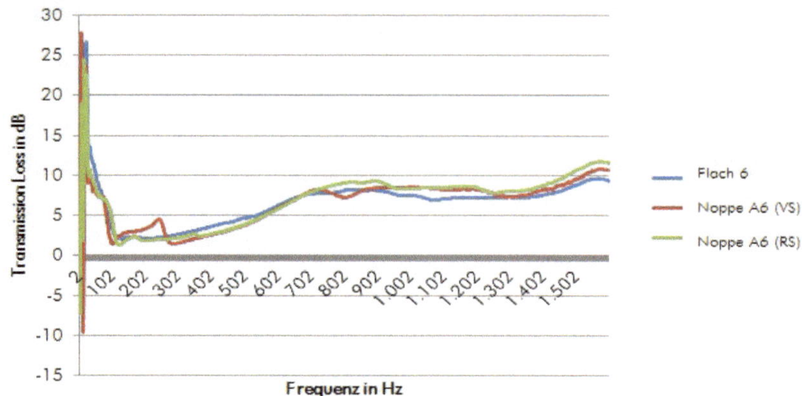

Abbildung 28: Transmission Loss in dB des zweidimensionalen Composites, der Vorderseite (VS) und Rückseite (RS) der Noppenwaben

Insgesamt zeigen sowohl die zweidimensionalen Composites als auch die Vorder- und Rückseite der Noppenwaben ähnliche Ergebnisse bezüglich des Transmission Loss. Erst bei höheren Frequenzen ist ein leichter Trend eines besseren Transmission Loss bei den Noppen im Vergleich zum zweidimensionalen Composites zu erkennen. Die Vorderseite der Noppe zeigt einen Peak bei einer Frequenz von ca. 250 Hz.

Größere Unterschiede beim Transmission Loss zeigen die flachen Noppen im Vergleich zu den spitzen, was in Abbildung 29 zu erkennen ist. Diese Prüfungen wurden an Composites mit einem erhöhten Bindefaseranteil (70 %) durchgeführt.

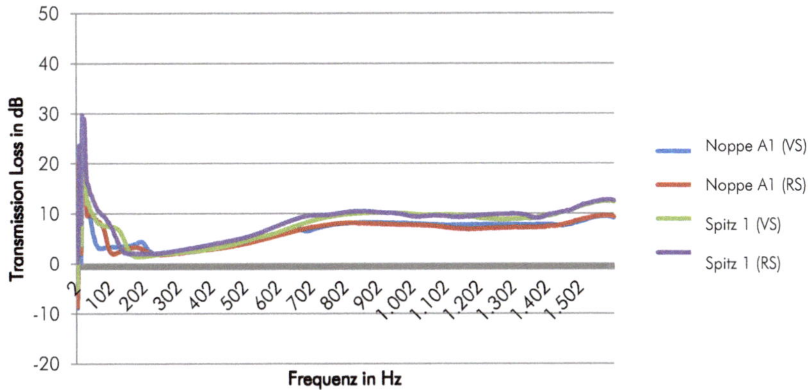

Abbildung 29: Transmission Loss in dB der flachen und spitzen Noppenwaben (Vorderseite (VS) und Rückseite (RS))

Die spitzen Noppen zeigen sowohl bei den niedrigen als auch bei den höheren Frequenzen bessere Ergebnisse. Dur bei Frequenzen um 300 Hz sind die Werte des Transmission Loss ähnlich. Somit empfiehlt sich ein Einsatz der spitzen Noppen für akustische Anwendungen. Die Messungen der Vorder- und Rückseiten ergeben nur bei den geringen Frequenzen Unterschiede in den Messergebnissen.

Die Mischungsverhältnisse der Noppenwaben unterscheiden sich in Material 1 (70/30 PLA/CO) und Material 6 (50/50 PLA/CO). Die Werte der Impedanzmessung sind in der folgenden Abbildung (Abbildung 30) dargestellt. Dabei wurde sowohl die Vorder- als auch die Rückseite der Noppenwaben geprüft.

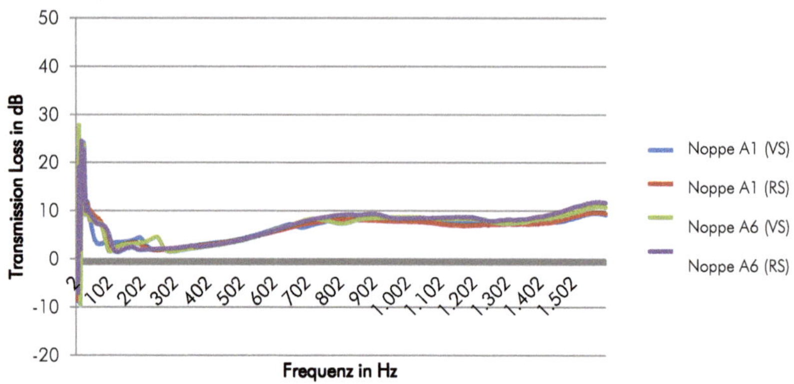

Abbildung 30: Transmission Loss in dB der flachen Noppenwaben mit unterschiedenen Mischungsverhältnissen (Vorderseite (VS) und Rückseite (RS))

Die Noppen mit unterschiedlichen Mischungsverhältnissen weisen ähnliche Messergerbnisse auf. Die Verbunde mit höherem Baumwollanteil besitzen jedoch bessere akustische Eigenschaften bei den höheren Frequenzen.

Die doppelwandige Konstruktion besteht aus zwei identischen Noppenwaben (Noppe A1) hintereinander. Die Noppenwaben wurden im Messrohr mit einem Abstand von ca. 10 mm hintereinander angebracht. Die Prüfergebnisse der Vorder- und Rückseite im Vergleich zur einfachen Noppenwabe sind in Abbildung 31 zu sehen.

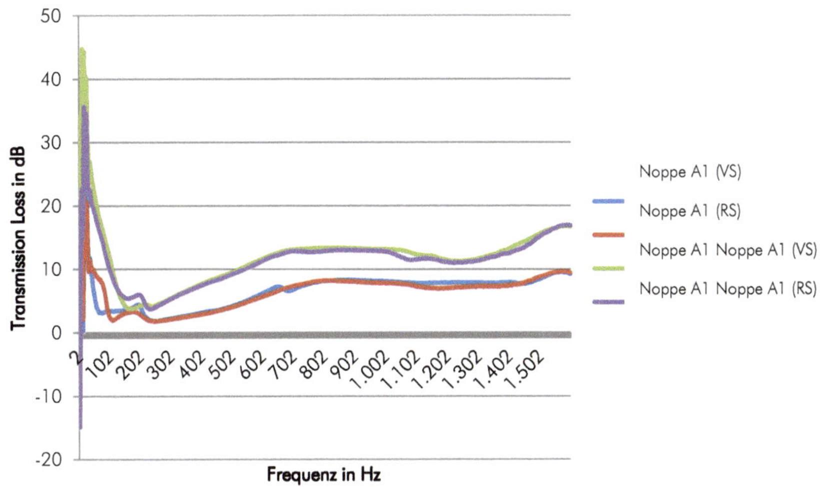

Abbildung 31: Transmission Loss in dB der Noppe A1 und zwei Noppen A1 hintereinander (Vorderseite (VS) und Rückseite (RS))

Ein deutlicher Unterschied im Transmission Loss ist bei der doppelwandigen Konstruktion im Vergleich zur singulären Noppenwabe erkennbar. Dieser ist besonders bei Frequenzen ab 300 Hz ausgeprägt. Auch bei sehr niedrigen Frequenzen ist der Unterschied deutlich, wobei die Verdopplung des Materials eindeutige Verbesserungen mit sich zieht.

3.2.6.4 AP 6.4 Prüfen und Bewerten der Feuchtigkeitsregulation

Die Feuchtigkeitsaufnahme der Composites wurde an allen Materialtypen überprüft. Diese wurde im trockenen Zustand, nach 24 h und 48 h im Raumklima mit 25 °C und Luftfeuchtigkeit 65 % nach Norm berechnet. Die Ergebnisse der Untersuchung sind graphisch in Abbildung 32 zusammengefasst.

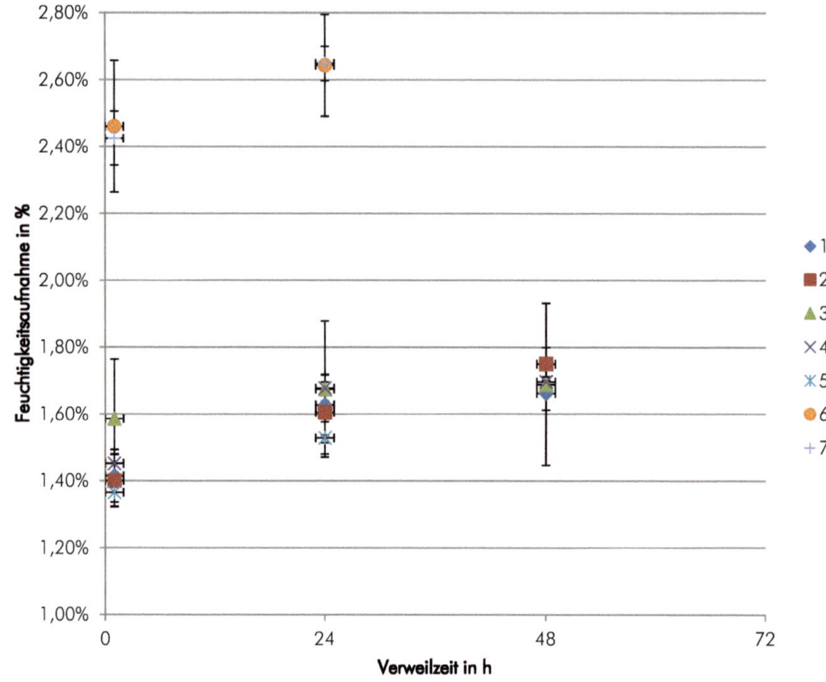

Abbildung 32: Feuchtigkeitsaufnahme der zweidimensionalen Composites der verschiedenen Materialtypen

Die Feuchtigkeitsaufnahme von Composites mit hohem Flächengewicht weist keine Unterschiede auf, liegt aber im unteren Bereich der Aufnahme. Dies ist zu erwarten, da durch die höhere Komprimierung wenig Feuchtigkeit aufgenommen werden kann. Die Ergebnisse des Lagenaufbaus in der Ausrichtung 0/0 stimmen mit denen des 0/90-Aufbaus aufgrund der übereinstimmenden Materialparameter überein. Die Konsolidierungszeit hat nur geringfügige Auswirkungen auf die Feuchtigkeitsaufnahme und kann als irrelevant für die Feuchtigkeitsaufnahme eingestuft werden. Der größte Einfluss bei der Feuchtigkeitsaufnahme besitzt das Mischungsverhältnis. Composites mit höherem Baumwollanteil besitzen aufgrund der hohen Feuchtigkeitsaufnahme von Baumwolle auch im Verbund mit PLA ein wesentlich höheres Ergebnis.

3.2.6.5 AP 6.5 Prüfen und Bewerten der Brennbarkeit/Entflammbarkeit

Das Brennverhalten wurde mithilfe des horizontalen Brennversuchs gemessen. In der Brandkammer wurde die Noppenwabe sowohl mit den Noppen nach oben gerichtet als auch nach unten gerichtet (Noppe zur Flamme geneigt) geprüft. Eine Messung an flachen Prüfkörpern wurde ebenfalls durchgeführt. Die Ergebnisse sind in der folgenden Abbildung (Abbildung 33) dargestellt.

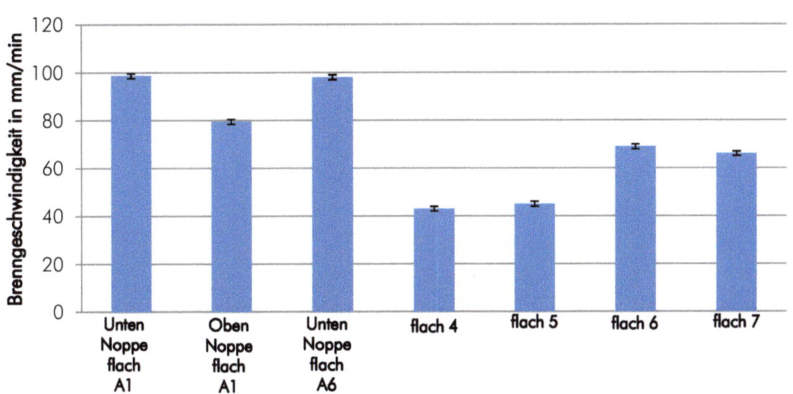

Abbildung 33: Brennverhalten der Noppenwaben und zweidimensionalen Composites

Wenn die Noppe zur Flamme geneigt ist, resultiert dies in eine erhöhte Brenngeschwindigkeit. Dies ist daher ein wichtiger Parameter zur Anwendung der Noppenwaben. Außerdem ist ein wesentliche besseres Brennverhalten an den zweidimensionalen Prüfkörpern zu erkennen, was an der erhöhten Sauerstoff-/Luftzufuhr durch die Noppen während der Prüfung liegt. Prüfkörper mit einem höheren Baumwollanteil weisen sowohl an den Noppenwaben als auch an zweidimensionalen Composites nahezu die gleichen Ergebnisse auf. Somit ist der Baumwollanteil keine wesentliche Einflussgröße für das Brennverhalten. Die Konsolidierungszeit hat ebenfalls keine bzw. nur unwesentliche Auswirkungen auf die Brenngeschwindigkeit. Während des Versuchs trat eine weiße Rauchbildung auf. Es fand kein Tropfen während der Prüfung statt.

3.2.6.6 AP 7 Herstellung von Demonstratoren

Als Demonstratoren wurden eine Kofferraumladeboden mit Werkzeug konstruiert und eine Leichtbautrennwand aus Materialien des Projektbegleitenden Ausschusses hergestellt. Der Kofferraumladeboden wurde an die Maße von gängigen PKWs angepasst. Das Werkzeug der Unterplatte des Kofferraumladebodens wurde mit CATIA P1 V5 konstruiert sowie nachgebildet und ist in der folgenden Abbildung (Abbildung 34) dargestellt. Eine Herstellung von Platten und ein nachträglicher Zuschnitt ist für die industrielle Herstellung ebenfalls denkbar.

Abbildung 34: Nachbildung der Unterplatte zur Herstellung eines Kofferraumladebodens aus Noppenwaben

In Abbildung 35 ist das Modell des Kofferraumladebodens mit einer Kernschicht aus Noppenwaben dargestellt. Unter der Deckschicht sind Noppenwaben zu erkennen, die den Verbund stützen.

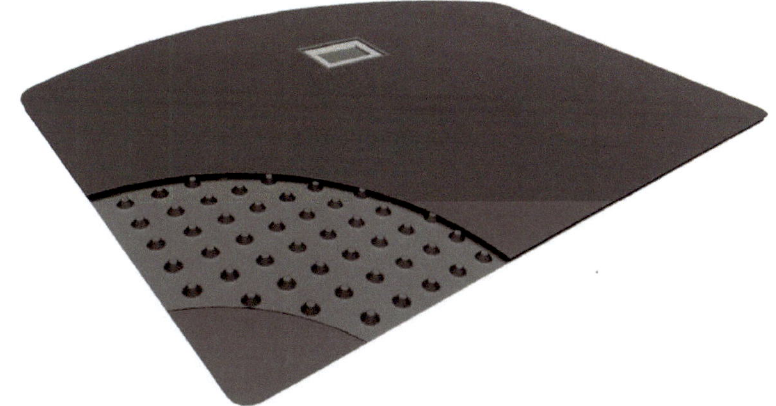

Abbildung 35: Modell eines Kofferraumladebodens mit einer Kernschicht aus Noppenwaben

Die Leichtbauwand (Abbildung 36) wurde aus Materialien einer Firma des PbAs hergestellt. Die Noppenwaben wurden mit Deckschichten, die ebenfalls in der Presse aus Vliesstoffen hergestellt worden sind, verklebt. Durch Schraubverbindungen wurden die einzelnen Sandwichplatten gefügt, was aufgrund der beschränkten Werkzeuggröße notwendig war.

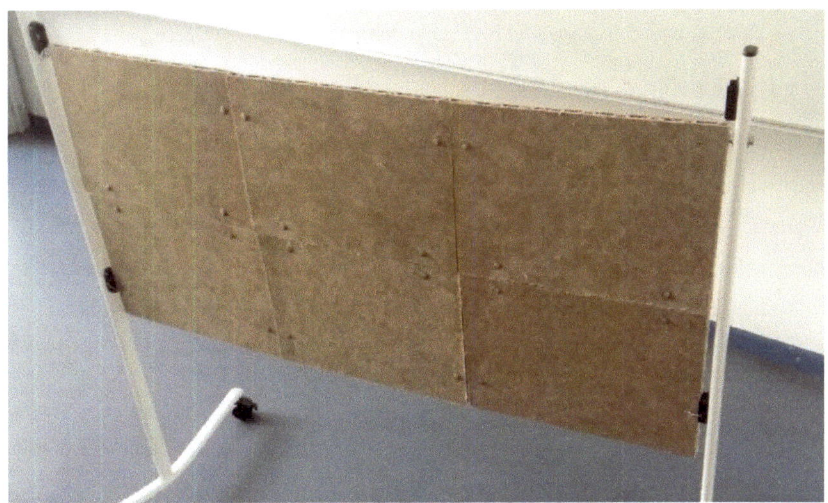

Abbildung 36: Leichtbauwand aus Sandwichmaterialien mit einer Kernschicht aus Noppenwaben

Durch die Öffnungen seitlich an der Leichtbauwand (Abbildung 37) ist eine Funktionsintegration wie das Verlegen von Kabeln möglich. Diese Funktion ist nur durch die Noppenhöhe beschränkt, die die Größe der Zwischenräume bestimmt.

Abbildung 37: Leichtbauwand (Seitenansicht)

3.2.7 AP 8 Dokumentation und Bewertung der Projektergebnisse

Die Dokumentation und Bewertung der Projektergebnisse erfolgte in den Sitzungen des Projektbegleitenden Ausschusses, der dreimal stattfand. Die Projektergebnisse wurden ebenfalls im Zwischenbericht (Abgabe Januar 2018) und in diesem Schlussbericht dokumentiert und bewertet. Weitere Projektergebnisse sind in den Veröffentlichungen zu finden, die in Kapitel 5.5 aufgeführt sind, zu finden.

3.2.7.1 AP 8.1 Wirtschaftlichkeitsbetrachtung

Für die industrielle Umsetzbarkeit sind sowohl die verursachten Kosten als auch die mechanischen und physikalischen Eigenschaften ausschlaggebend. Polylactid wird aufgrund des hohen Rohstoffpreises selten für Anwendung außerhalb der Lebensmittelverpackungen eingesetzt. Laut einer Marktanalyse der Fachagentur Nachwachsende Rohstoffe e.V. von 2014 ist jedoch der Preis von PLA in den letzten 15 Jahren von weit über 10 EUR/kg auf unter 2 EUR/kg gesunken. [35] Der Preissturz ist in Abbildung 38 dargestellt. Dieser Trend hält an und es sind weiterhin sinkende Preise von PLA zu erwarten.

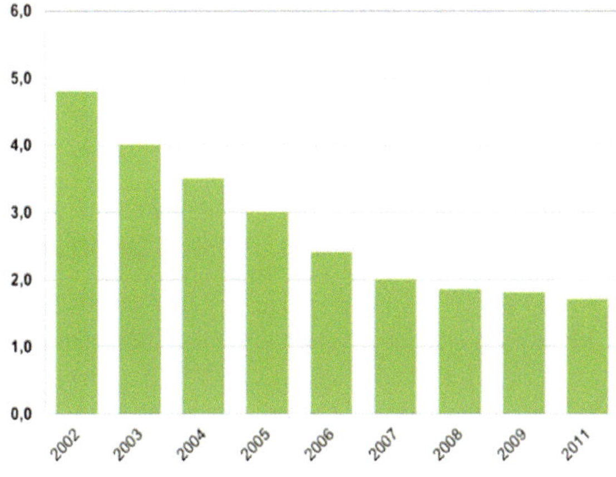

Abbildung 38: Preisentwicklung PLA 1997 - 20011 in EUR/kg [36]

Im Vergleich zu weiteren biobasierten Kunststoffen ist PLA der günstigste Rohstoff und liegt bereits Nahe der Kosten von PPE-HD und PP, wie die folgenden Abbildung (Abbildung 39) zeigt, die eine Übersicht über die Kosten von biobasierten Kunststoffen im Vergleich zu konventionellen Kunststoffen darstellt.

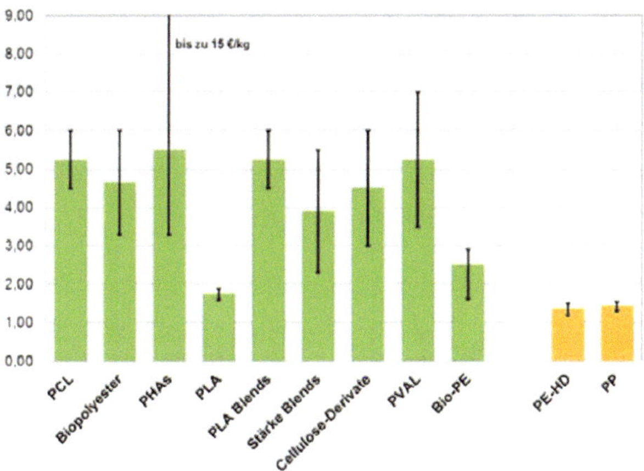

Abbildung 39: Materialpreise verschiedener biobasierter Kunststoffe im Vergleich zu konventionellen Kunststoffen in EUR/kg [36]

Auch Baumwolle liegt mit den Materialkosten höher als andere Naturfasern wie beispielsweise Hanf. Jedoch kann auch die Verwendung von recycelte Baumwolle zukünftig in Betracht gezogen werden, um die Kosten zu senken. Diese findet bereits in der Automobilindustrie Anwendung.

Vliesstoffe gehören zu den kostengünstigsten herstellbaren textilen Flächen und sind somit für die Herstellung von Composite geeignet. Durch eine direkte Verarbeitung der Naturfasern ohne die Verarbeitung zu Garnen entfällt ein weiterer Herstellungsschritt. Im Gegensatz zu Maschenwaren und Geweben können Vliesstoffe daher wesentlich preiswerter hergestellt werden und bieten durch ihr großes Volumen eine bessere Drapierbarkeit.

Der Herstellungsprozess der Noppenwaben wird bereits industriell eingesetzt und kann als wirtschaftlich bezeichnet werden. Durch die geringen Durchlaufzeiten bei der Verfestigung der Materialien ist eine hoher Durchsatz bei der Produktion möglich.

3.2.7.2 AP 8.2 Empfehlungen für die Weiterentwicklung

Die Noppenwaben sind aufgrund des hohen Rohstoffpreises von PLA zum jetzigen Zeitpunkt noch nicht einsetzbar. Die thermischen Eigenschaften müssen noch gesteigert werden, um die Noppenwaben beispielsweise in Autos einsetzen zu können, da es durch Sonneneinstrahlung zu hohen Temperaturen im Autoinnenraum kommen kann. Eine Umsetzung mit einem anderen Polymer ist jedoch denkbar.

Als kostengünstigere Variante zu Baumwollfasern kann die Herstellung mit Baumwoll-Linters oder recycelter Baumwolle zu einer Kostensenkung führen. Diese weiteren Materialien könnten somit auch begutachtet werden.

Das Brennverhalten ist entscheidend für den Einsatz eines Produktes, da dies besonders im Bauwesen und der Automobil- und Personentransportindustrie eine große Rolle spielt. Deswegen ist eine Brandausrüstung der Noppenwaben denkbar, die zu besseren Kennwerten führt und somit das Einhalten von Richtlinien gewährleisten kann.

Ein wichtiger Parameter für die akustischen Eigenschaften von Werkstoffen ist die Dichte und Dicke eines Materials. Deswegen ist es sinnvoll, weitere Versuche mit höheren

Flächengewichten und unterschiedlichen Dichten durchzuführen, um die akustischen Eigenschaften verbessern zu können. Auch kann neben der Prüfung mit dem Impedanzmessrohr, die einen gerichteten Schall untersucht auch eine Messung in der Alpha-Kabine durchgeführt werden, bei der der Schall ungerichtet auf den Prüfkörper trifft.

4 Diskussion

Noppenwaben mit unterschiedlichen Prozessparametern und Materialbeschaffenheiten wurden während des Forschungsvorhabens hergestellt und analysiert. Die Noppenwabe ist mit ihren Verarbeitungstemperaturen und Prozessgeschwindigkeiten nach gängigen Verfahren aus der Industrie herstellbar. Allerdings sind unverfestigte textilen Flächen (Flor/Vlies) in diesem Ablauf aufgrund der Handhabung nicht umsetzbar. Eine Konsolidierungszeit von 30 s war für die Verfestigung bereits ausreichend.

Die durchgeführten Analysen ergeben, dass eine Erhöhung des Drucks und des Flächengewichts große und positive Auswirkungen auf die mechanischen Eigenschaften mit sich bringen. Deswegen muss ein Kompromiss zwischen der Festigkeit und des Gewichtes geschlossen werden.

Die Noppenwaben mit einem höheren Bindefaseranteil weisen ebenfalls bessere mechanische Kennwerte auf. Außerdem erhöht sich das Brennverhalten. Mit der Bindefaser als teuerste Komponente ist jedoch ein hoher Anteil wirtschaftlich unvorteilhaft. Die Feuchtigkeitsaufnahme sinkt mit steigendem Bindefaseranteils aufgrund des geringeren Anteils an Baumwolle.

Flache Noppen halten mehr Belastung aus als spitze Noppen. Da letztere auch keine verbesserten akustischen Eigenschaften aufweisen, ist von einer Herstellung von spitz-zulaufenden Noppen abzuraten. Ein weiterer Grund ist die Verbindung mit Deckschichten: Die Klebefläche ist bei flachen Noppen weitaus größer, was zu einem besseren Halt führt.

5 Administrativer Teil

Kapitel 5 enthält die administrativen Inhalte des Projektes. Dies beinhaltet die Verwendung der Zuwendungen, Informationen zur geleisteten Arbeit sowie die geplanten und umgesetzten Arbeitspakete. Außerdem ist der Plan zum Ergebnistransfer in die Wirtschaft beschrieben. Zuletzt erfolgt die Auflistung der Publikationen, die aus diesem Forschungsprojekt entstanden sind.

5.1 Verwendung der Zuwendung

Die Zuwendung wurde wie beantragt verwendet.

5.2 Notwendigkeit und Angemessenheit der geleisteten Arbeit

Die geleistete Arbeit entspricht in vollem Umfang dem begutachteten und bewilligten Antrag und war daher für die Durchführung des Vorhabens notwendig und angemessen.

5.3 Geplante und umgesetzte Arbeitspakete

Die Arbeitspakete sind größtenteils wie geplant umgesetzt worden. Aufgrund der Unwirtschaftlichkeit von Maschenwaren wurden diese nicht während des Forschungsvorhabens untersucht, sondern die textilen Flächen auf Vliesstoffe beschränkt. Zusätzlich wurde die Werkzeuggeometrie simuliert, um die maximale Festigkeit der Noppen zu ermitteln und neben den im Projekt bearbeiteten Materialien (PLA und CO) auch Materialien des PbAs geprüft. Die Gegenüberstellung der geplanten und umgesetzten Arbeitspakete ist Tabelle 7 zu entnehmen.

Tabelle 7: Geplante und umgesetzte Arbeitspakete

AP		Geplant	Umgesetzt
AP	1	**Materialcharakterisierung von Baumwollfasern und PLA**	Wie geplant umgesetzt
	1.1	Baumwollfasern	
	1.2	PLA	
AP	2	**Garnherstellung**	
	2.1	Herstellung von PLA-Filamenten und Fasern	Wie geplant umgesetzt
	2.2	Herstellung von Garnen	Nicht umgesetzt (Beschreibung in 3.2)
AP	3	**Entwicklung und Herstellung textiler Flächen**	
	3.1	Herstellung von Floren und Prüfen der Ergebnisse	Wie geplant umgesetzt
	3.2	Herstellung von Maschenware und Prüfen der Ergebnisse	Nicht umgesetzt (Beschreibung in 3.2)
AP	4	**Thermische Verfestigung mit Einbringung der Noppenstruktur**	
	4.1	Entwicklung und Herstellung von Werkzeugen	Wie geplant umgesetzt
	4.2	*Simulation von Noppengeometrien*	*Ungeplante Ergänzung der APs*
	4.3	Thermische Verfestigung	Wie geplant umgesetzt, Erweiterung mit Materialien des PbAs
	4.4	Prüfen der prozessbedingten Qualität	Wie geplant umgesetzt, Erweiterung mit Materialien des PbAs
AP	5	**Herstellung von Vorprodukten**	Wie geplant umgesetzt, Erweiterung mit Materialien des PbAs
AP	6	**Analyse und Bewertung der Eigenschaften von Vorprodukten**	
	6.1	Prüfen und Bewerten des Kraft-Weg-Verhaltens und des Rückstellvermögens	Wie geplant umgesetzt, Erweiterung mit Materialien des PbAs
	6.2	*Prüfen und Bewerten der Zugfestigkeit*	*Ungeplante Ergänzung der APs, Erweiterung mit Materialien des PbAs*
	6.3	Prüfen und Bewerten der Schallabsorption	Wie geplant umgesetzt
	6.4	Prüfen und Bewerten der Feuchtigkeitsregulation	Wie geplant umgesetzt
	6.5	Prüfen und Bewerten der Brennbarkeit/Entflammbarkeit	Wie geplant umgesetzt, Erweiterung mit Materialien des PbAs
AP	7	**Herstellung von Demonstratoren**	Wie geplant umgesetzt
AP	8	**Dokumentation und Bewertung der Projektergebnisse**	
	8.1	Wirtschaftlichkeitsbetrachtung	Wie geplant umgesetzt
	8.2	Empfehlungen für die Weiterentwicklung	
	8.3	Erstellung des Abschlussberichts	

5.4   Plan zum Ergebnistransfer in die Wirtschaft

In Tabelle 8 ist der Ergebnistransfer in die Wirtschaft mit der Umsetzung während und nach der Projektlaufzeit zusammengefasst. Die genannten Veröffentlichungen sind in Kapitel 5.5 aufgeführt.

Tabelle 8: Plan zum Ergebnistransfer in die Wirtschaft und Umsetzung

	Zeitraum	Maßnahme	Ziel/Bemerkung
Während der Laufzeit	Halbjährlich	Beratung im PA	• Drei Treffen: 07.04.2017, 31.01.2018, 22.11.2018 • Div. Telefonkonferenzen
	Halbjährlich	Bachelor- und Masterarbeiten	• Bachelorarbeit über Noppenwaben • Forschungspraktikum über Composites/Sandwichverbunde (Jul. - Sept. 2018)
	Ab 2016	Internetauftritt	Veröffentlichung des Projektes und der erzielten Ergebnisse auf der FIBRE-Homepage
	Ab 2018	Vorträge auf Symposien/ Seminaren	• Postervortrag, Aachen-Dresden-Denkendorf International Textile Conference 29.11.-30.11.2018, Aachen • Vortrag, Bremen Cotton Conference 21.03.-23.03.2018, Bremen
	Ab 2017	Veröffentlichungen in Fachzeitschriften	• Cotton Report Nr. 11/12-23.März 2017
	Ab 2018	Weiterbildung und Akademische Ausbildung	Verwendung der Ergebnisse in Vorlesungen an der Universität Bremen
	Zeitraum	**Maßnahme**	**Ziel/Bemerkung**
Nach der Laufzeit	2019	Abschlussbericht	Anwenderorientierte Aufbereitung der Ergebnisse inkl. Veröffentlichung der entwickelten Anlagentechnik und Verarbeitungsparameter
	2019	Veröffentlichungen in Fachzeitschriften	• avr – Nonwovens & Technical Textiles (05/2019) Sonderausgabe zur Techtextil • Materials Today Proceedings
	2019	Vorträge auf Symposien/ Seminaren	• Vortrag, International Conference On Natural Fibers 01.07.-03.07.2019, Porto
	2019/20	Beratung interessierter Unternehmen	Umsetzung der Projektergebnisse, insb. für Zulieferer der Automobil- Leichtbauindustrie: FIBRE International Bremen e.V.

Die Veröffentlichung des Schlussberichts erfolgt durch einen Verlag und befindet sich zur Zeit in Vorbereitung. Die Artikel in den Zeitschriften *avr* und *Materials Today Proceedings* sind genehmigt und werden noch 2019 veröffentlicht. Der Vortrag auf der ICNF ist

bestätigt und wird entsprechend des in Tabelle 8 genannten Zeitraums durchgeführt. Die Projektergebnisse werden durch die genannten Veröffentlichungen sowie durch Projektflyer, Internetauftritte in die Wirtschaft getragen. Die Beratung mit den durch das Projekt entstandener Ergebnisse erfolgt beim kontinuierlichen Austausch mit Projektpartnern des FIBREs und Kontakten aus der Wirtschaft.

5.4.1 Wissenschaftlich-technischer und wirtschaftlicher Nutzen der erzielten Ergebnisse

Die folgenden Unterkapitel beschreiben die wissenschaftlich-technische Einordnung sowie der wirtschaftliche Nutzen der erzielten Projektergebnisse.

5.4.1.1 Wissenschaftlich-technische Einordung

Im Projekt konnten innovative Leichtbaumaterialien hergestellt werden, die eine Funktionsintegration bei den Anwendungen erlauben. Verschiedene Kernmaterialien werden für Sandwichverbunde genutzt, Noppenwaben gehört dabei zu den diskontinuierlichen (strukturierten) Kernen. Durch die Zwischenräume der Noppen, die im Gegensatz zu Honeycombs Zwischenräume besitzen, wird eine Durchgängigkeit gewährleistet. Dies bedeutet, dass beispielsweise Kabel verlegt werden können, was sowohl in der Automobilindustrie als auch für das Bauwesen von Vorteil ist. Die Gewichte der Schaumkernplatten liegen meist zwischen 100 - 350 kg/m³, Wabenplatten 150 - 450 kg/m³. Im Vergleich dazu besitzen Noppenwaben ohne Deckschichten ein Dichte von ca. 90 kg/m³. Je nach Deckplatte ist dieses Gewicht geringer bzw. ähnlich. Die Druckfestigkeit der auf dem Markt vorhanden Platten liegt bei ca. 1,2 MPa, was zum jetzigen Zeitpunkt unter der der Noppenwaben liegt. Durch eine Weiterentwicklung des Thermoplasten PLA kann die Festigkeit erhöht werden.

Das Brennverhalten der Noppenwaben wird laut den Beurteilungskriterien der amerikanischen Norm FMVSS 302 Federal-Motor-Vehicle-Safety-Standard beurteilt. Die Prüfung aus der Norm ist identisch zur deutschen *DIN 75200:1980-09 Bestimmung des Brennverhaltens von Werkstoffen der Kraftfahrzeuginnenausstattung* [31]. Der Beurteilung zufolge soll die Brenngeschwindigkeit unter 100 mm/min liegen, was bei allen Composites mit Ausnahme der während der Brandprüfung nach unten zeigenden Noppen der Fall ist.

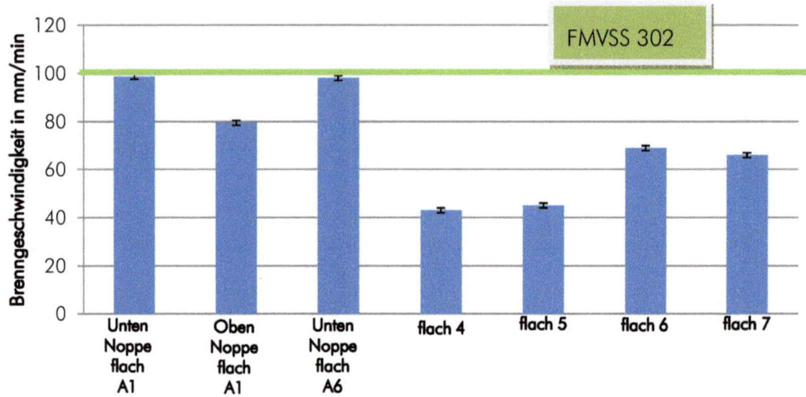

Abbildung 40: Brennverhalten der Noppenwaben und zweidimensionalen Composites mit FMVSS 302

Je nach Material sind die Preise der auf dem Markt erhältlichen Sandwichplatten stark unterschiedlich und variieren nach Beschaffenheit der Werkstoffe (Dicke, Material etc.) und Abnahmemenge. Vliesstoffe aus vergleichbaren Materialien wie PLA/CO wie beispielsweise PP/Hanf liegen jedoch preislich unterhalb den Kosten von PLA und CO.

5.4.1.2 Wirtschaftlicher Nutzen für KMU

Die KMU-Relevanz ergibt sich auf verschiedenen Ebenen der Herstellung und der Verwendung: Die Produktion der Fasern und Herstellung von Vliesstoffen als Basis sowie die Weiterverarbeitung des Textiles durch eine Verfestigung zur dreidimensionalen Noppenwabe erfolgt entlang der Textilen Kette, was zur Steigerung der Auslastung von KMUs beiträgt. Neben der Produktion werden solche Unternehmen auch die Weiterverarbeitung der Noppenwaben zu Sandwichstrukturen übernehmen, was eine Stärkung der Wettbewerbsfähigkeit der KMU durch innovative Produktfelder bzw. -sortimente zur Folge hat.

Die Verwendung von biologisch abbaubaren und nachwachsenden Rohstoffen erfüllt nicht nur wichtige gesetzliche Richtlinien, sondern trägt ebenfalls zu einer positiven Vermarktung der Produkte bei. Das Ziel ist daher die Erschließung wirtschaftlich attraktiver Absatzmärkte für naturfaserbasierte Noppenwaben und die Etablierung einer energiefreundlichen und umweltschonenden Noppenwabenlösung. Durch die im Kapitel 5.5 aufgeführten

Veröffentlichungen wurde bereits ein großer Kreis an Personen in der Wirtschaft und Wissenschaft erreicht, die über die Projektergebnisse informiert worden sind.

5.4.1.3 Innovativer Beitrag

Die Noppenwaben stellen durch ihre natürlichen Rohstoffe und innovative Form eine Erweiterung der Leichtbaulösungen dar. Baumwolle und PLA gewährleisten eine umweltfreundliche Entsorgung nach dem Gebrauch. Durch die verschiedenen Mischungsverhältnisse der Komponenten ist eine individuelle Anpassung an den jeweiligen Anwendungszweck möglich. Die neuartige Form der Noppen ist ebenfalls an die jeweilige Anwendung anpassbar und gewährleistet eine Optimierung des Verbundes. Somit entsteht durch Noppenwaben eine Erweiterung der Leichtbaulösungen

5.4.1.4 Industrielle Anwendung

Die Ergebnisse des Projekts ermöglichen die Herstellung von Noppenwaben aus natürlichen Rohstoffen, deren Eigenschaften optimal auf ihren Einsatzzweck abgestimmt werden können. Somit können diese innovativen Halbzeuge mit verschieden einstellbaren Parametern für zahlreiche Einsatzgebiete verwendet werden. Die profitierenden Segmente sind z. B. der Fahrzeugbau für den Personentransport und Automobilindustrie. Mögliche Anwendungen in der Automobilindustrie und bei öffentlichen Transportmitteln sind Interieur- und Strukturbauteile. Besonders die Kriterien Schalldämmung und das geringe Gewicht der Noppenwaben sind für diesen Sektor äußerst vorteilhaft. Im Bereich der Architektur können Noppenwaben als Schallschutzelemente mit Feuchtigkeitsregulation eingesetzt werden. Die Noppenwaben können außerdem als ökologisch hergestelltes Möbel mit geringem Gewicht schwere Spanplatten ersetzen. Daher kann auch die Möbelindustrie Noppenwaben verwenden und somit das Gewicht von Möbeln reduzieren.

5.5 Publikationen aus dem Projekt

A) Berichte und Zeitschriftenbeiträge

Stehle, Franziska; Kölsch, Lena; Herrmann, Axel S.: Noppenwaben aus biologisch abbaubaren Materialien als strukturelles Material für den Leichtbau. avr – Nonwovens & Technical Textiles (05/2019), Sonderausgabe zur Techtextil (2019)

Stehle, Franziska: Noppenwaben aus Baumwolle und Polylactid (PLA) als strukturelles Material für den Leichtbau. Forschungsberichte aus dem Faserinstitut Bremen, in Vorbereitung (2019)

B) Tagungsbeiträge

Stehle, Franziska; Herrmann, Axel S.: Transmission loss of nap cores made with cotton (CO) and polylactic acid (PLA) for application in lightweight construction. International Conference on Natural Fibers (ICNF), Porto, Vortrag, in Vorbereitung (2019)

Stehle, Franziska; Kölsch, Lena; Herrmann, Axel S.: Nap cores made with cotton (CO) and polylactic acid (PLA) for application in lightweight construction. Aachen-Dresden-Denkendorf International Textile Conference, Aachen, Postervortrag (2018)

Stehle, Franziska: Thermobonded composites made with cotton (CO) and polylactic acid (PLA) fibres for technical applications. International Cotton Conference, Bremen, Vortrag (2018)

C) Sonstige Veröffentlichungen

Stehle, Franziska: Noppenwaben aus Baumwolle und Polylactid als strukturelles Material für den Leichtbau. Hochschule für Künste, Forum für Werkstoff-Innovationen, Bremen, Vortrag (2017)

Bremen Cotton Report: Faserinstitut Bremen erforscht Verwendung von Baumwolle im Leichtbau, Bremen Cotton Report Nr. 11/12-23. März 2017

Stehle, Franziska: Projekt Noppenwaben: Noppenwaben aus Baumwolle (CO) und Polylactid (PLA) als strukturelles Material für den Leichtbau. Projektflyer. Faserinstitut Bremen e.V., Bremen (2016)

6 Danksagung

Das IGF-Vorhaben „Noppenwaben aus Baumwolle (CO) und Polylactid (PLA) als strukturelles Material für den Leichtbau (Noppenwaben)" (IGF-Nr. 19298 N) der Forschungsvereinigung Forschungskuratorium Textil e.V., Reinhardtstraße 12-14, 10117 Berlin wurde über die AiF im Rahmen des Programms zur Förderung der industriellen Gemeinschaftsforschung (IGF) vom Bundesministerium für Wirtschaft und Energie aufgrund eines Beschlusses des DeutschenBundestages gefördert. Dafür möchten wir an dieser Stelle herzlich danken.

Darüber hinaus gilt unser Dank den Mitgliedern des Projekt begleitenden Ausschusses für die gute Zusammenarbeit und die Unterstützung bei den Forschungsarbeiten.

Der Schlussbericht kann beim Faserinstitut Bremen e. V. (FIBRE) ausgeliehen werden.

Gefördert durch:

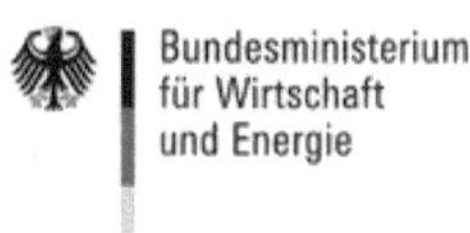

aufgrund eines Beschlusses
des Deutschen Bundestages

7 Literaturangaben

[1] Berger, W., Faulstich, H., Fischer, P., Heger, A., Jacobasch, H.-J., Mally, A. u. Mikut, I.: Textile Faserstoffe. Beschaffenheit und Eigenschaften. Berlin, Heidelberg: Springer Berlin Heidelberg 1993

[2] Bundesamts für Bauwesen und Raumordnung: Die Zukunft der Bauforschung, 2011. https://www.detail.de/artikel/die-zukunft-der-bauforschung-4517/

[3] Bundesministerium für Bildung und Forschung: Nationale Forschungsstrategie BioÖkonomie 2030 Unser Weg zu einer bio-basierten Wirtschaft (2010)

[4] Gerber, N., Dreyer, C. u. Bauer, M.: Noppenwabe als Kernmaterial. Kontinuierlich herstellbares Kernmaterial zur Funktionsintegration. Konstruktion (2015) 03-2015

[5] Gerber, N., Bernaschek, A., Dreyer, C., Klauke, K., Bauer, M. u. Bauer, A.: Progress on the Development and Automated Production of New Core Materials. Berlin 2013

[6] Bauer, M., Friede, P. u. Uhlig, C.: Lightweight Construction: Sandwiches with Nap Cores. Kunststoffe international (2006)

[7] Tecklenburg, G.: Karosseriebautage Hamburg. 13. ATZ-Fachtagung ; [14. und 15. Mai 2015. Proceedings. Wiesbaden: Springer Vieweg 2014

[8] Bauer, G.: Werkstoffliche Verwertung und Insellösungen. Heidelberg 2003

[9] KNOTEN WEIMAR Internationale Transferstelle Umwelttechno-logien GmbH: Schlussbericht zum Vorhaben Handlungsbedarf zur Konkretisierung nachhaltiger Verwer-tungsstrategien für Produkte aus Biopolymeren (2012)

[10] finanzen.net GmbH: Baumwolle, 2016. https://www.finanzen.net/rohstoffe/baumwollpreis, abgerufen am: 24.01.2019

[11] Peist, S.: Karosserie aus Baumwolle, Hanf und Holz. Kunststoffxtra (2015)

[12] Niederstadt, G.: Ökonomischer und ökologischer Leichtbau mit faserverstärkten Polymeren. Gestaltung, Berechnung und Qualifizierung ; mit 31 Tabellen. Kontakt & Studium, Bd. 167. Renningen-Malmsheim: expert-Verl. 1997

[13] Puranik, P. R., Parmar, R. R. u. Rana, P. P.: NONWOVEN ACOUSTIC TEXTILES - A REVIEW. 2014

[14] Shahani, F., Soltani, P. u. Zarrebini, M.: The Analysis of Acoustic Characteristics and Sound Absorption Coefficient of Needle Punched Nonwoven Fabrics. Journal of Engineered Fibers and Fabrics (2014) Volume 9, Issue 2, S. 84–92

[15] Kayser, O. u. Averesch, N.: Technische Biochemie. Die Biochemie und industrielle Nutzung von Naturstoffen. Wiesbaden: Springer Spektrum 2015

[16] nach Koch, P.-A.: Faserstoff Tabellen Polylactidfasern (PLA). Institut für Textiltechnik der Rheinisch-Westfälischen Technischen Hochschule Aachen (2004)

[17] VDI Zentrum Ressourceneffizienz: Bestandsaufnahme Leichtbau in Deutschland. Im Auftrag des Bundesministeriums für Wirtschaft und Energie (2015)

[18] Gross, R. A. u. Kalra, B.: Biodegradable Polymers for theEnvironment. sciencema (2002) VOL 297

[19] Verein Deutscher Ingenieure e.V: Studie Werkstoffinnovationen für nachhaltige Mobilität und Energieversorgung (2014)

[20] Technische Universität Braunschweig: Stoffkreisläufe: Recycling / Kompostierung. Nachhaltige Chemie im Agnes-Pockels-SchülerInnen-Labor –Neue pädagogische Angebote zu Stoffkreis-läufen und Ressourcenschonung (2013)

[21] Epple, M.: Biomaterialien und Biomineralisation. Eine Einführung für Naturwissenschaftler, Mediziner und Ingenieure. Teubner Studienbücher Chemie. Wiesbaden: Vieweg+Teubner Verlag 2003

[22] Degischer, H. P. (Hrsg.): Leichtbau. Prinzipien, Werkstoffauswahl und Fertigungsvarianten. Hoboken, NJ, Weinheim: Wiley; WILEY-VCH 2009

[23] Wiedemann, J.: Leichtbau. Elemente und Konstruktion. Klassiker der Technik. Berlin, Heidelberg: Springer-Verlag Berlin Heidelberg 2007

[24] Klein, B.: Leichtbau-Konstruktion. Berechnungsgrundlagen und Gestaltung. Wiesbaden, s.l.: Springer Fachmedien Wiesbaden 2013

[25] Davies, J. M.: Lightweight sandwich construction. Oxford, Malden, MA: Blackwell Science 2001

[26] InnoMat GmbH (Hrsg.): Produktblätter Noppenwabe, Bd. 2014

[27] Lerz, T.: Halbzeuge, Materialien, FVK. Kernwerkstoffe, Potsdam-Golm 2019. https://www.iap.fraunhofer.de/de/Forschungsbereiche/PYCO/forschung/halbzeuge_materi alien_fvk.html#faqitem_0-answer, abgerufen am: 15.03.2019

[28] *DIN EN ISO 291:2008-08, Kunststoffe_- Normalklimate für Konditionierung und Prüfung (ISO_291:2008); Deutsche Fassung EN_ISO_291:2008*

[29] *DIN EN ISO 527-4:1997-07, Kunststoffe_- Bestimmung der Zugeigenschaften_- Teil_4: Prüfbedingungen für isotrop und anisotrop faserverstärkte Kunststoffverbundwerkstoffe (ISO_527-4:1997); Deutsche Fassung EN_ISO_527-4:1997*

[30] *DIN EN ISO 53291:1982-02, Prüfung von Kernverbunden_- Druckversuch senkrecht zur Deckschichtebende*

[31] *DIN 75200:1980-09, Bestimmung des Brennverhaltens von Werkstoffen der Kraftfahrzeuginnenausstattung*

[32] *ASTM D2495-01: Test Method for Moisture in Cotton by Oven-Drying*

[33] *DIN EN ISO 10534-1:2001-10, Akustik_- Bestimmung des Schallabsorptionsgrades und der Impedanz in Impedanzrohren_- Teil_1: Verfahren mit Stehwellenverhältnis (ISO_10534-1:1996); Deutsche Fassung EN_ISO_10534-1:2001*

[34] Reumann, R.-D. (Hrsg.): Prüfverfahren in der Textil- und Bekleidungstechnik. Berlin: Springer 2013

[35] Fachagentur Nachwachsende Rohstoffe e.V.: Marktanalyse Nachwachsende Rohstoffe (2014)

[36] nova-institute: European Bioplastics - Biodegradable Bioplastics (2015)

8 Anhang

8.1 Technische Zeichnung Werkzeug Noppen flach 2 (Positiv- und Negativform)

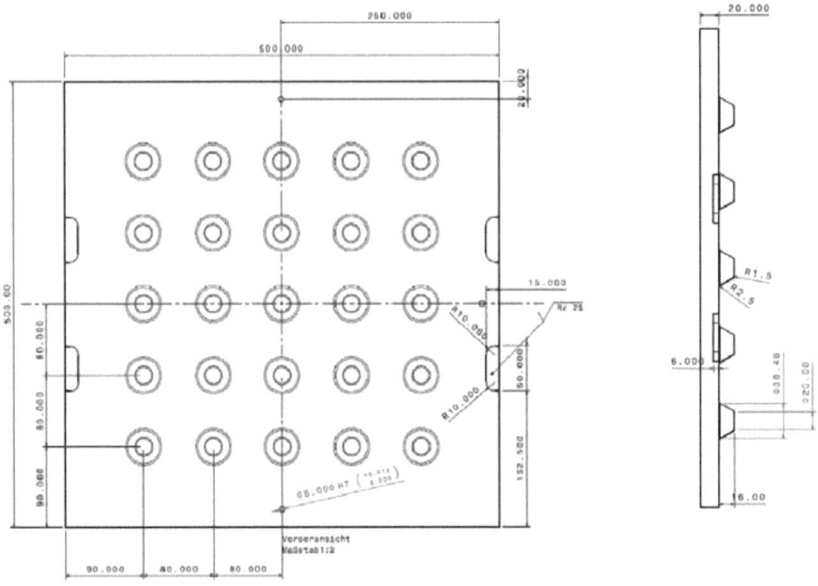

Abbildung 41: Technische Zeichnung Positivform Werkzeug flach B, Draufsicht (links) und Seitenansicht (rechts)

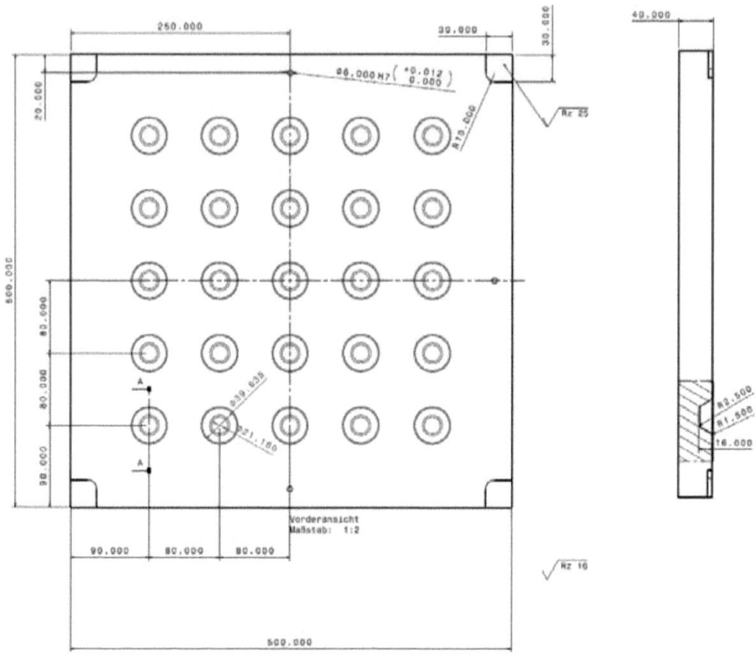

Abbildung 42: Technische Zeichnung Negativform Werkzeug flach B, Draufsicht (links) und Seitenansicht (rechts)

8.2 Technische Zeichnung Werkzeug Noppen spitz (Positiv- und Negativform)

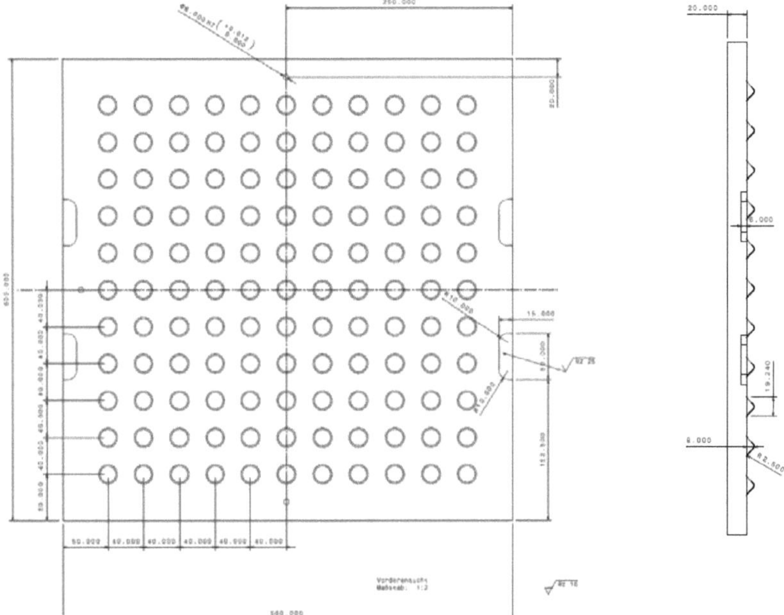

Abbildung 43: Technische Zeichnung Positivform Werkzeug spitz, Draufsicht (links) und Seitenansicht (rechts)

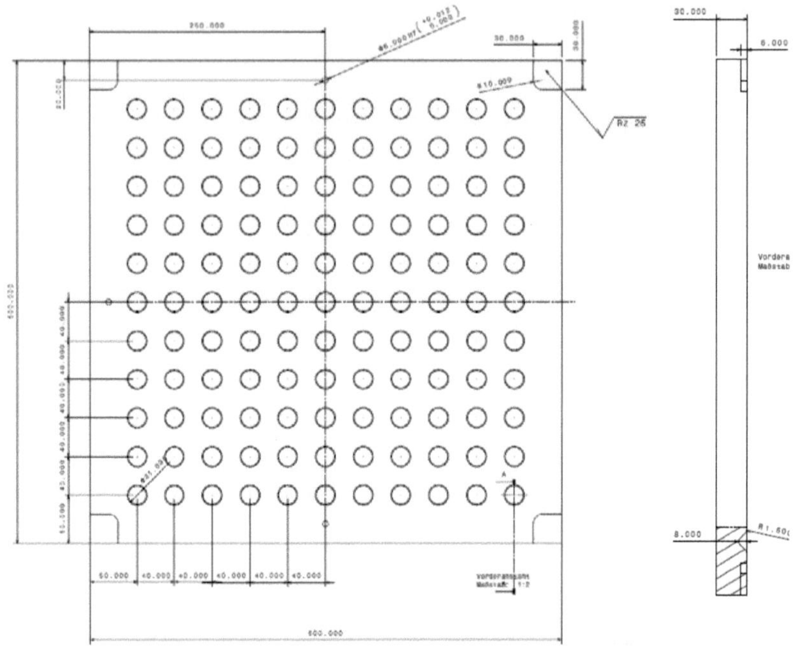

Abbildung 44: Technische Zeichnung Negativform Werkzeug spitz, Draufsicht (links) und Seitenansicht (rechts)

62

63